U0349288

土壤线虫防治市场现状
暨优秀技术方案

中国化工报社《农资导报》
中国植物病理学会植物病原线虫专业委员会　组织编写
河北兴柏农业科技有限公司

崔学军　彭德良　刘中须　主编

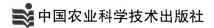 中国农业科学技术出版社

图书在版编目（CIP）数据

土壤线虫防治市场现状暨优秀技术方案 / 崔学军，彭德良，刘中须主编 . -- 北京：中国农业科学技术出版社，2021.11
ISBN 978-7-5116-5326-0

Ⅰ . ①土… Ⅱ . ①崔… ②彭… ③刘… Ⅲ . ①病害－线虫感染－防治－研究 Ⅳ . ① S432.4

中国版本图书馆 CIP 数据核字（2021）第 212232 号

责任编辑　姚　欢
责任校对　马广洋
责任印制　姜义伟　王思文

出 版 者	中国农业科学技术出版社
	北京市中关村南大街 12 号　邮编：100081
电　　话	（010）82106631（编辑室）（010）82109704（发行部）
	（010）82109702（读者服务部）
传　　真	（010）82106631
网　　址	http://www.castp.cn
经 销 者	各地新华书店
印 刷 者	北京科信印刷有限公司
开　　本	140 mm×203 mm　1/32
印　　张	3.5　彩插　20 面
字　　数	100 千字
版　　次	2021 年 11 月第 1 版　2021 年 11 月第 1 次印刷
定　　价	68.00 元

《土壤线虫防治市场现状暨优秀技术方案》
编 委 会

调研支持单位

利民化工股份有限公司

江西顺泉生物科技有限公司

艾尚田国际农业科技有限公司

河北三农农用化工有限公司

佛山市盈辉作物科学有限公司

目　录

第一章

中国土壤线虫发生和防治现状概况

一、我国植物线虫的主要危害

全球作物每年由于线虫病害引起的损失达 1 570 亿美元，我国每年损失约 700 亿元。

土壤线虫危害复杂而隐蔽，常常没有明显的症状，容易误认是其他缺素症；常常与其他病原生物形成复合侵染，防治难度大，引发损失大，值得引起重视。

资料显示，植物寄生线虫种类超过 200 个属 6 000 多种。植物病原线虫为专性寄生，寄生部位为寄主植物的各个部位，其中 90% 寄生在植物根内或土壤环境中，10% 寄生在植物地上部。植物的根系、地下茎、鳞球茎等最易受到侵染。

植物线虫几乎危害所有的植物，包括重要的经济作物。大多数线虫侵染地下组织，地上部症状大多无特异性，具隐蔽性。基层误诊、乱用药现象严重。

中国最重要的病原线虫包括根结线虫、孢囊线虫、根腐线虫、腐烂茎线虫、肾形肾状线虫、柑橘半穿刺线虫、松材线虫等。

中国植物病理学会植物病原线虫专业委员会主任委员、中国农业科学院线虫创新团队首席专家和公益性行业科研专项首席专家彭德良认为，作物线虫病害是中国农业生产中的第二大病害，是一些经济作物和蔬菜上的第一大病害，严重威胁粮食作物和经济作物的生产安全。

在我国，线虫病害的主要危害特征：

·分布范围广，从南到北均有植物线虫病的危害；

·危害损失大，估计每年给全球造成1 570亿美元损失；

·寄主范围广，超过3 000种，主要农作物均可严重危害；

·防治难度高，施药难度大，有效的杀线剂多为高毒。

当前，影响我国农业生产最大的线虫病是根结线虫和孢囊线虫病害，对我国的粮食和食品安全构成严重威胁。

二、中国主要的线虫种类及主要分布区

中国主要的线虫种类及主要分布区详见表1–1。

表1–1　中国主要的线虫种类及主要分布区

线虫种类	主要分布区
大豆孢囊线虫	东北和黄淮海
蔬菜根结线虫	全国
甘薯茎线虫病	河北
花生根结线虫病	河北、河南、山东、广东

线虫种类	主要分布区
苎麻根腐线虫病	南方苎麻产区
柑橘根结线虫病	湖南、湖北、广东、福建
烟草根结线虫	云南、河南等

1. 根结线虫

（1）危害症状

感病植株地上部分没有特异症状，植株危害严重时，叶小而黄化，植株矮化，甚至萎蔫死亡。地下部分的根系形成根部结节（根结）或结瘿。根结线虫主要侵染作物根系，但有时也会侵染块茎、球茎、地下果荚和温室作物的叶片（叶瘿）。受害最严重的作物主要为葫芦科（如各种瓜类）、茄科（如番茄、茄子、辣椒）等；寄主植物 2 000 多种。实际生产中需要注意作物根结与豆科固氮根瘤的区别，注意十字花科根结与根肿病的区别。

（2）分类和发生区域

根结线虫病原物种类众多：共描述 100 多种，中国共 58 种，其中新种 15 个，主要危害的有 4 个种。

根结线虫寄主范围广泛：寄生超过 2 000 种植物。主要为蔬菜、园艺作物、禾本科作物等。

根结线虫发生面积广泛：在亚、非、欧、美、大洋洲和我国大部分地区均有分布，其中云南、海南、广东、山东、北京危害最为严重。

根结线虫（非中国种）是我国重要的检疫对象，根结线虫是蔬菜、园艺作物的主要病原物之一。

根结线虫引起的农作物损失中90%以上是由4种根结线虫引起的，分别是南方根结线虫、爪哇根结线虫、花生根结线虫和北方根结线虫。

（3）循环侵染

根结线虫是定居型专性寄生物，以二龄幼虫侵染作物新根，主要以卵囊中的卵和卵内幼虫越冬。当温湿度条件适宜时，土壤中或作物病残体中根结线虫卵孵化变成侵染期二龄幼虫，寻找并侵入寄主植物新根。一般根结线虫完成从卵到卵的发育需要30d左右。该线虫在多数作物上在一个生长季节有几个世代，能够多次重复侵染。

带有线虫卵的病土和田间病残体是主要初侵染源。近距离传播主要依靠灌溉水、雨水，以及附着于农具、动物、鞋上的带线虫土壤。而远距离传播主要通过带线虫种苗，或附着于种苗根部的带线虫土壤传播。沙性土壤发生较为严重，而黏性土壤发生轻。

2. 孢囊线虫

孢囊线虫1899年在我国东北首次被发现，至今已在东北三省、内蒙古、河北、北京、山东、山西等多个省（区、市）发生，发生面积120万 hm^2。一般造成产量损失20%~30%，严重时达70%~80%以上，甚至大面积绝产。该病害发生的特点是分布广、危害重、传播途径多，是极难防治的土传病害。

受孢囊线虫侵染后的诊断特征是根上产生孢囊，不同阶段的孢囊呈现白色至褐色。受害根增殖并产生浅生的丛状根。

（1）大豆孢囊线虫

生长于沙土中的孢囊线虫侵染的大豆植株生长矮小，叶子变黄早落。这样的植株花少，只有几粒种子，并且通常死亡。受侵染的根系较正常植株小，固氮根瘤少。

（2）小麦孢囊线虫

小麦等作物孢囊线虫已在我国 16 个省市 510 个县市均有发生和分布。该病主要危害小麦、大麦、燕麦、高粱等禾谷类作物。

地上部叶片黄化、矮化、生长稀疏，分蘖减少，侧根次生根增多扭结成团、生长稀疏，严重时苗期死亡，后期早衰。受侵幼苗矮小，根分叉多而短，一般产量损失在 10%~30%。地下部：次生根增多，扭结成团，病根在侵染点分叉，侧根二叉型，抽穗到扬花期，根有白色孢囊。

该病病原物主要有 2 个种，其中禾谷孢囊线虫为优势种。受害症状为黄化、矮化、生长稀疏，侧根次生根增多且扭结成团，严重时苗期死亡，后期早衰。隐蔽危害，症状与缺水缺肥混淆。跨区收割推广，迅速蔓延。

小麦生产大省调查结果如下：

河北发生面积 1 000 余万亩①，重病田损失 15%~25%；

河南发生面积 2 000 余万亩，重病田损失 17%~42%；

安徽发生面积 700 余万亩，重病田损失 12%~20%；

山东发生面积 2 000 余万亩，重病田损失 12%~21%。

在河南、青海等地发现菲利普孢囊线虫，成为小麦粮食安

---

① 1 亩 ≈ 667m²，15 亩 =1hm²，全书同。

全新威胁。发生分布：2009 年在河南临颍、许昌、卫辉、延津首次发现，2015 年扩散至安徽宿州，2016 年在新疆伊犁发现。

部分地区与禾谷孢囊线虫混合发生威胁更大，警惕其扩散！

3. 根腐线虫

被侵染植株表现矮化、褪绿，正如缺素或干旱症状。植株的地下器官表面布满许多黑色伤痕。受害根起初表现出很小的水渍状病斑，然后很快变成褐色，最后几乎变成黑色。病斑多出现在被取食的新根上，病斑主要沿着根轴线扩大，也可沿侧面发展，相互结合直到包围整个根部，直到根死亡、腐烂、根变短。根腐线虫容易与真菌形成复合侵染，是比较重要的病原线虫之一。我国多种作物都有根腐线虫危害，例如玉米、甘蔗、香蕉、柑橘、花生、山药等。

4. 茎线虫

茎线虫在世界范围内发生，特别在气候温和地区普遍发生，危害很大，它是破坏性最大的植物寄生线虫之一。可危害大量寄主植物，包括甘薯、苜蓿、洋葱、风信子、郁金香、燕麦和草莓。

从植于感染线虫土壤的块茎上长出的植株通常都会表现出矮化、茎上有淡黄色斑点、膨大，着生短而扭曲的叶片，在叶片上有很多开放的伤口。茎秆、根颈部和块茎各个鳞片都变软化，松散，颜色变灰。感病鳞片在染病鳞片的横切面出现变色圆圈，且变色在纵向出现不等线条。

（1）甘薯茎线虫

目前我国甘薯茎线虫病危害问题突出。甘薯茎线虫病引起甘薯块根表皮破裂，腐烂，糠心。已经成为我国北方甘薯生产的主要病害之一，危害范围广，遍布华北、黄淮地区，以及河南、安徽等主要甘薯产区，产量损失 20%~30%，严重者 80%~90%，潜在威胁大。

（2）马铃薯腐烂茎线虫

马铃薯腐烂茎线虫主要侵染马铃薯、甘薯的地下部根、块根和块茎，被害部分表现为组织坏死、干缩、糠心和表皮变褐龟裂，该病一般减产 20%~30%，严重者 40%~50%，甚至绝产，是我国检疫性有害生物之一。

5. 肾状线虫

受害植株地上部分表现为叶色褪绿、茎秆发紫、植株矮小，重者茎、叶焦枯、死苗。当有较高的线虫群体水平时，较老植株的叶缘呈现紫色，果实变小，成熟期推迟，产量减少。病株根系小、黄褐色、多坏死斑，营养根极少。

寄主范围广。对多种蔬菜、果树、农作物等 100 多种植物寄生危害。

肾状线虫为定居型半内寄生线虫，卵产于线虫分泌的胶质物中（卵囊）中。在广东香蕉上试验，5—6 月，在香蕉上完成生活史要 33d。

肾状线虫在无寄主的潮湿土壤中存活 7 个月，而干燥土壤中存活 8 个月，在休闲土壤中能存活 2 年。在棉田中病残体田间寄主根表与根围土壤中的卵囊、二龄幼虫和侵染期雌虫为初侵染源。

6. 半穿刺线虫

半穿刺线虫能侵染多种果树、林木，如柑橘、葡萄、荔枝、杉木等。

在柑橘上引起"慢衰病"。新植果园受半穿刺线虫侵染后，树势生长衰弱，产量低。症状的严重程度随线虫群体的发展而缓慢发展，表现为根系生长不良，叶片变小、褪绿，树势生长衰弱。

半穿刺线虫侵染寄主的营养根。被严重侵染后营养根比健康根粗，由于根表面的胶质卵囊上附着的土壤颗粒，使根的外表显得很脏。由于根表破坏，以及皮层的取食点上次生病原物的侵染，导致营养根腐烂、皮层剥落和根死亡。

半穿刺线虫主要通过种植材料和土壤搬移传播为定居型半内寄生，24~26℃下，完成生活史为42~56d。二龄幼虫在无寄主植物的土壤中可存活9个月。

7. 叶线虫

叶线虫可危害我国水稻、花卉、草莓等作物。被侵染的芽和生长点往往不再生长而变成褐色，叶片扭曲，植株小灌木状。随着季节的推移，叶子从下而上出现黄色斑点，接着变成黑褐色，随后连合成大斑。开始时，病斑往往会受到大叶脉的限制，然后斑点或大斑块逐渐布满整个叶片。叶片变得萎缩、松脆，最后脱落在地上。花被侵染后就不再生长，严重感病的植株死亡。

三、土壤线虫病害发生趋势

第一，线虫发生日趋严重，根结线虫和孢囊线虫在一些地区有暴发的态势。蔬菜和经济作物根结线虫暴发危害成常态，特别是小麦孢囊线虫、大豆孢囊线虫等粮食作物孢囊线虫将进入高发期。

第二，传播途径多，扩散快，分布范围进一步扩大。全国由南到北扩散，分布范围扩大，南方以危害露地蔬菜 + 设施蔬菜为主，北方以危害设施蔬菜为主，南果北种，花卉苗木调运、名花名木的引进传带扩散至北方，农业机械化跨区联合收割进一步扩大了传播范围，国际贸易进境有害线虫的传入逐渐常态化。

第三，气候变化和耕作制度变革的影响，发生加重。气候变暖使线虫发生世代数量增多；优质高效品种的感病作物种植，造成产量损失 10%~30%；秸秆还田使土质表层疏松，透气性好，危害加重。

四、土壤线虫防治策略

1. 当前生产中线虫病害防治存在的突出问题

线虫病害发生非常严重，防治任务艰巨，突出问题表现为"难防治""难负担""难操作"。现有防治药剂和技术难以满足生产需要：现有的可供选择的杀线剂种类比较少，长期单一使用杀线剂出现不同程度的抗药性。

因此，农民对作物线虫病缺乏认识，重视不够。

由于线虫危害隐蔽，不易察觉，只有病害发展到一定程度，地上部才会表现症状，但此时根部危害已非常严重，而线虫病一旦发生，难以根除。当前生产中线虫病害防治存在突出问题，线虫病害防治已经成为生产中的迫切需求，植物线虫防治主要从抗、避、治、除4个方面展开。

2. 化学防治

线虫化学防治具有速效、不影响耕种、兼治其他病虫害的特点，也有弊端，如使用不当会造成农残超标、环境污染、易产生抗性等问题。

（1）全球重要的杀线虫剂

全球重要的杀线虫剂详见表1-2。

表1-2　全球重要的杀线虫剂

活性物质	化学组分
涕灭威 *	氨基甲酸肟酯
克百威 *	氨基甲酸酯
硫线磷 **	有机磷类
棉隆	甲基异硫氰酸酯释出物
1,3-二氯丙烯	卤代烃
灭线磷 *	有机磷
苯线磷 **	有机磷
噻唑膦	有机磷
威百亩钠	甲基异硫氰酸酯释出物
杀线威	氨基甲酸肟酯

注：* 为我国在部分范围禁止使用的农药；
　　** 为我国已禁止（停止）使用的农药。

（2）全世界主要线虫和作物的杀线虫剂市场份额

全世界主要线虫和作物的杀线虫剂市场份额详见表1-3。

表1-3　全世界主要线虫和作物的杀线虫剂市场份额

线虫类群	占比 /%	作物名称	占比 /%
根结线虫	48	蔬菜	38
孢囊线虫	30	马铃薯	25
其他	22	香蕉	9
		烟草	8
		甜菜	6
		其他	14

3. 杀线虫剂类别

（1）熏蒸性杀线虫剂

主要包括棉隆、威百亩、硫酰氟、异硫氰酸烯丙酯（AITC）、二甲基二硫（DMDS，正在登记中）、1,3-D（未登记）、碘甲烷（未登记）、乙二腈（未登记）、磷化铝（未登记）、叠氮化物（未登记）。

其中在生产中应用较多的杀线虫剂如下。

威百亩：我国推广不错，大棚土传病害防治。

棉隆：20 世纪 90 年代开始推广，目前继续使用扩大推广。

氯化苦：高毒，农业农村部正在研究替代产品。

（2）非熏蒸性杀线虫剂

主要包括阿维菌素、噻唑膦、灭线磷、氟吡菌酰胺、三氟咪啶酰胺（未登记）、氟噻虫砜、Benclothiaz（未登记）、Imicyafos（未登记）、涕灭威（高毒）、克百威（高毒）。

（3）生物杀线虫剂

生物杀线虫剂主要包括淡紫拟青霉、坚强芽孢杆菌、厚孢轮枝菌、莫比霉素、南昌霉素、阿维菌素等，商品化的产品包括坚强芽孢杆菌等。

研究最多的是食线虫菌物，其次是生防细菌（穿刺巴氏杆菌、芽孢杆菌、根际细菌）。

食线虫菌物又包括捕食性菌物、蠕虫状线虫内寄生菌物、定居型雌虫及卵寄生真菌、产拮抗物质菌物、泡囊丛枝菌根真菌等。

线虫细菌天敌中最重要的是巴氏杆菌，世界广泛分布，具有生物学多样性、寄主专化性，其次是芽孢杆菌、铜绿假单胞菌、根际细菌。

国内外菌物杀线虫剂见表1-4，国内外细菌源杀线虫剂见表1-5，各种杀线细菌的特性比较见表1-6。

表1-4 国内外菌物杀线虫剂

商品名称	菌物或有效成分	国别	作用机制	研制者	防治对象
Royal 300®	*Arthrobotrys robusta*	法国	捕食	Cayrol 等	蘑菇茎线虫
Royal 350®	*Arthrobotrys irregularis*	法国	捕食	Cayrol 等	番茄根结线虫
PL Gold	*Purpurecillium lilacinus*	德国	寄生	BASF Worldwide	根结线虫
Biocon	*Purpurecillium lilacinus*	菲律宾	寄生	亚洲技术中心 Davide & Zorilla	马铃薯根结线虫

（续表）

商品名称	菌物或有效成分	国别	作用机制	研制者	防治对象
BIOACT® WG	*Purpurecillium lilacinus*	德国	寄生	Barer Crop Science	根结线虫
	Purpurecillium lilacinus	法国	寄生	Gomes & Cayrol	番茄根结线虫
线虫清	*Purpurecillium lilacinus*	中国	寄生	潘沧桑等	根结线虫
大豆保根剂	*Purpurecillium lilacinus*	中国	寄生	刘杏忠等	大豆孢囊线虫
DiTeraTM	*Myrothecium verrucariau* 疣孢漆斑菌代谢物	美国	小分子毒素	Warrior 等	植物寄生线虫
"豆丰"一号	*Pochonia chlamydosporia*	中国	寄生	刘维志等	大豆孢囊线虫
线虫必克 KI amic	*Pochonia chlamydosporia*	中国、古巴	寄生	张克勤等	根结线虫
ARABESQUE	*Muscodor albus*	德国	熏蒸	Agra Quest （现拜耳）	植物线虫

表 1-5　国内外细菌源杀线虫剂

商品名	细菌	作用机制	研制者
BioNem-WP	坚强芽孢杆菌 (*Bacillus firmus*)	屏蔽	以色列 AgroGreen
VOTIVO	坚强芽孢杆菌 (*Bacillus firmus*)	屏蔽	Barer Crop Science
Econem	穿刺巴斯德菌	寄生	先正达公司 与 Pasteuria Bioscience

（续表）

商品名	细菌	作用机制	研制者
Deny Blue Circle	洋葱伯克霍尔德氏菌 *Burkholderia cepacia*		CCT Corp, USA
Venerate	伯克霍尔德菌 A396 菌株（*Burkholderia* spp. *strain A396*）	生物杀虫 / 杀螨 / 杀线虫剂	Marrone Bio Innovations(MBI) 生物农药公司
Biostart	多种芽孢杆菌混合菌	多种	MICORBIAL SOLUTIONS, S. AFRICA
Nemix C	枯草和地衣芽孢杆菌	PGPR	Chr Hansen, Brazil, 2013
Activate	几丁质芽孢杆菌	酶降解	Rincon Vitova
Clariva™ PN	巴斯德菌	种子处理杀线虫剂	先正达
N-HIBIT Messenger	Harpin Protein (*Erwinia amylovora*)	诱导抗性	Eden Bioscience Plant Health Care USA

表 1-6　各种杀线细菌的特性比较（引自：牛秋红等，2006）

细菌	杀线方法	杀线效力	优点	缺点	改进措施
杀线虫的芽孢杆菌（*Bacillus Nematicida* sp. now.）	胞外碱性丝氨酸蛋白酶 BACEL 6 降解线虫体壁	显著，24h 内线虫死亡率达 95%	杀线能力强	分子机制作用不明了	进一步研究作用机制
侧孢短芽孢杆菌（*Brevibacillus laterosporus*）	胞外碱性丝氨酸蛋白酶 BLG 4 降解线虫体壁	明显，24h 内线虫死亡率 90%	胞外酶活高	田间实验效果差	提高稳定性

（续表）

细菌	杀线方法	杀线效力	优点	缺点	改进措施
苏云金芽孢杆菌 (*Bacillus thuringiensis*)	晶体蛋白毒素破坏线虫肠道组织	毒性大，效力高	广谱性	必须由口进入	使毒素被线虫体腔溶解
铜绿假单胞菌 (*Pseudomonas aeruginosa*)	蛋白水解酵素破坏线虫的免疫、血液循环系统	对动物寄生线虫效果明显	医学发展的基础	仅临床应用阶段	研究毒素的表达调控机制
穿刺巴氏杆菌 (*Pasteurella paracentesis*)	寄生，大量球形孢子摧毁线虫	对植物根结线虫效力显著	国外研究，应用多	专性寄生，不能体外大量培养	没法大量生产并商品化
根际细菌 (*Rhizobacteria*)	竞争营养和空间位点；改变根系分泌物；产生挥发性杀线物质	对土传真菌和细菌生防效果好，促进植物生长	田间效果好	缺乏高效菌株，不稳定	进一步研究防病机制，根部定殖

4. 杀线虫剂新品种

（1）氟吡菌酰胺

氟吡菌酰胺商品名路富达，为吡啶乙基苯酰胺类杀菌剂、杀线虫剂，作用于线粒体呼吸链，抑制琥珀酸脱氢酶（复合物Ⅱ）的活性从而阻断电子传递，导致不能提供机体组织的能量需求，进而杀死防治对象或抑制其生长发育，属琥珀酸脱氢酶抑制剂（SDHI）类。

当线虫经氟吡菌酰胺处理后，虫体僵直呈针状，活动力急剧下降。例如，处理后 30 min 初显症状，香蕉穿孔线虫或根结线虫，受药后开始活动缓慢，1~2h 后变得完全麻痹不动。氟吡菌酰胺有选择地抑制线虫线粒体中的呼吸链的复合体 II。线粒体是线虫的能量工厂，其受到抑制后会导致线虫细胞中能量（ATP）很快耗尽。氟吡菌酰胺是第一个通过抑制复合体 II 的杀线虫剂，它代表了一类新型作用机理的杀线虫剂。

氟吡菌酰胺可在多种作物上登记用于防治多种线虫；也可以在多种种植环境（大棚 / 露天）中使用，并适于多种用药方法（灌根、滴灌、冲施、土壤混施、沟施等）。按推荐剂量加水进行灌根，每株用药液量 400 mL；除灌根外，也适于多种其他用药方法（番茄可选用滴灌、冲施、土壤混施等；黄瓜可选用滴灌、冲施等）。每季最多施用次数为 1 次。另外，有效成分在土壤中活化需要充足的土壤湿度，因此，施用时水量一定要足，并保持地块的土壤湿度。配制药液时，先向喷雾器中注入少量水，然后加入推荐用量的氟吡菌酰胺悬浮剂，充分搅拌溶解后，加入足量水。

防治番茄根结线虫 41.7% 氟吡菌酰胺悬浮剂 0.024~0.030mL/株，按推荐剂量稀释后在移栽当天进行灌根，每株用药液量 400mL。防治黄瓜白粉病，按推荐用量稀释后进行叶面喷雾。防治黄瓜病害，在病害发生初期进行叶面喷雾处理，每隔 7~10d 施用 1 次，连续施用 2~3 次。进行露天喷雾时，在大风天或预计 1h 内降雨时，请勿施药。

（2）氟噻虫砜

氟噻虫砜属于氟代烯烃硫醚类化合物，开发代号 MCW-2，其他名称 Nimitz、联氟砜、氟砜灵等，CAS 登录号为 318290–98–1，IUPAC 化学名称 5– 氯 –1,3– 噻唑 –2– 基 3,4,4– 三氟丁 –3– 烯 –1– 基砜，经验式 $C_7H_5ClF_3NO_2S_2$，相对分子质量291.70。

氟噻虫砜有触杀作用，能够在短时间内致使线虫麻痹停止进食，最后不可逆杀死线虫，而有机磷和氨基甲酸酯类杀线虫剂只暂时起作用。另外，氟噻虫砜还可以减少线虫卵的孵化、幼虫的成活率，减少虫卵的数量。

氟噻虫砜对线虫的多个生理过程有作用，这表明此物质具有新的作用机理，被认为与当前的杀线虫剂和杀虫剂不同。其具体的作用机理尚不清楚。

氟噻虫砜对多种植物寄生线虫，包括危害严重的根结线虫有效。研究表明，氟噻虫砜能防治爪哇根结线虫（*Meloidogyne javanica*）、南方根结线虫（*M. incognita*）、北方根结线虫（*M. hapla*）、刺线虫（*Belonolaimus* spp.）、马铃薯白线虫（*Globodera pallida*）、哥伦比亚根结线虫（*M. chitwoodi*）、玉米短体线虫（*Pratylenchus zeae*）、花生根结线虫（*M. arenaria*）对植物根的侵害。可用于茄子、辣椒、番茄等茄科作物，黄瓜、西葫芦、南瓜、西瓜、哈密瓜等瓜类作物，菊科、十字花科叶菜，马铃薯、甘薯等薯芋类作物线虫病害的综合治理。

目前开发的制剂有 480 g/L 乳油，用量 2~4 kg/hm^2，可在种植前滴灌或撒播使用，施用简单，易被土壤吸收。该药剂对线虫的防效不能维持整个生长季，但能保护作物直至建立好的根系。

用户普遍反映氟噻虫砜具有以下优点：① 无须缓冲剂；

② 可直接移植；③ 可用于已生长的果树；④ 可反复使用；⑤ 使用限制较少；⑥ 对使用者风险较小；⑦ 较长的残留控制效果；⑧ 较长的储存期。

（3）阿维菌素 B_2

阿维菌素 B_2 是在阿维菌素发酵过程中产生的另一个主要组分，经过兴柏集团创新团队分离纯化而来的全新组分，对土壤线虫的防效非常突出。兴柏集团自 2009 年取得阿维菌素原药正式登记后，通过构建系统的高通量筛选技术平台，筛选到一株大幅度提高 B_{1a}、B_{2a} 组分的菌株，并成功应用于工业化生产，分离提纯出 B_2 组分。2013 年 7 月 29 日，B_2 组分被全国农药标准化技术委员会正式命名，中文通用名称为"阿维菌素 B_2"。2016 年，由中国科学院微生物研究所联合兴柏集团等几家公司共同承接的科研项目"阿维菌素的微生物合成及其生物制造"获得国家科学技术进步二等奖。

兴柏集团与中国科学院高丙利创新团队和南开大学共同成立专项课题组，进行提取方法及生物活性、毒理等大量实验，证明 B_2 对线虫有特殊防效，毒性低于 B_1，并于国内率先研究出工业化提取方法，成功实现产品工业化大生产，获得 3 项国家专利，2012 年荣获河北省科学技术进步三等奖。该项技术在国内尚属空白，国际上未见相关报道，这一技术被河北省科技厅鉴定为国内领先水平科技成果，申报国际专利被受理，现处于国际审查阶段。

实验证明，B_2 作为一种阿维菌素新产品，杀虫谱不同于 B_1，对根结线虫、根腐线虫、孢囊线虫、茎线虫和松材线虫等植物线虫活性很高，有良好防效，对动植物体表害虫有特殊效果。根据不同作物不同生长时期的要求，兴柏集团研制了阿维菌素 B_2 水分散粒剂、水乳剂、乳油、微胶囊、颗粒剂、泡腾片等多剂型。经与权威科研单位合作，实验证明阿维菌素 B_2 对黄瓜、番茄、西瓜、香蕉、大姜、柑橘、甘薯、三七、西洋参、大豆、水稻、小麦等作物的多种线虫防效都非常好，并且更加安全环保，具有很好的社会和经济价值。

（4）三氟咪啶酰胺

三氟咪啶酰胺是由杜邦公司开发的酰胺类杀线虫剂，属于一种非熏蒸性杀线虫剂，对烟草根结线虫、大豆孢囊线虫、草莓滑刃线虫、马铃薯茎线虫、松材线虫、粒线虫及短体（根腐）线虫等有很好的防治效果。

三氟咪啶酰胺单剂虽然对植物线虫有很好的防效，但长期使用会导致线虫的抗性增强，缩短农药使用寿命。

（5）Benclothiaz

Benclothiaz 是由先正达公司研制的杀线虫剂。分子式为 C_7H_4ClNS；CAS 号为 89583-90-4。

（6）Imicyafos

通用名称为 imicyafos，商品名称为 Nemakick（Agro-Kanesho），是由 Agro-Kanesho Co. Ltd 开发的硫代磷酸酯类杀线虫剂。

该产品为颗粒剂。Imicyafos 由不对称有机磷与烟碱类杀虫剂的氰基亚咪唑烷组合而成，具有高触杀活性和土壤中快速扩散作用。主要用于蔬菜和马铃薯防治根结线虫、根腐线虫和孢囊线虫。

5. 防控线虫非化学技术

包括嫁接技术、太阳能消毒技术、蒸汽消毒技术等（图 1-1）。

图 1-1 蒸汽消毒技术

五、植物线虫防治展望

1. 发生与防治现状

作物线虫病害发生呈持续上升的态势，线虫作为土传病害防治难度大，现有杀线虫剂的品种少，多数高毒品种，品种单一，无轮换品种选择。

根据著名市场咨询和调研机构 Kline & Company 最新报告《全球杀线虫剂市场分析及机遇》，2016 年全球杀线虫剂市场将达 12 亿美元，其中亚太和南美地区将显著增长。

目前，全球最大杀线虫剂是蔬菜，其次是大田、特种作物。杀线虫剂产品面临挑战：不仅是要成为最好的杀线虫剂，同时又可以防地下害虫、土传病害。

我国农药市场产值约 450 亿元，而线虫药剂产值约 5 亿元，占比只有 1% 左右，社会与生态的需求呼吁生物杀线剂的开发与应用。

2. 防治策略与技术研发趋势

杀线剂的开发与应用需要关注以下问题：作物产值与应用成本，侵染时期与持效期、释放期，分布状况与施药方式，传播途径与剂型，兼顾地下害虫。

单项技术向综合治理技术、可持续技术发展；加快开展生物防治剂（微生物源、植物源）技术研究；基于植物品种抗性的利用；盲目防治向基于线虫密度（检测）的防治发展；发展精准化、简便化、一体化技术；发展田间农药减量的技术。

3. 杀线虫剂研发趋势

由熏蒸型向非熏蒸型发展；高毒制剂向高毒品种低毒化制剂发展；用量大且费工向用量小且简便发展；预防性向保护治疗兼备发展；一般防治剂向种衣剂发展；单剂向复合制剂、一体化制剂发展；只能在播前使用向全生育期发展。

4. 线虫综合防治进展

2000 年以来，植物线虫防治得到较大的发展。松材线虫病、蔬菜根结线虫病、大豆孢囊线虫病，以及花卉、香蕉、甘蔗等线虫病的问题相继得到关注。小麦孢囊线虫病防治，最近几年得到全国重视。

值得注意的是，特别是近 10 年时间，通过国家的农业公益科研项目、科技支撑计划、产业体系项目、973 项目等，植物线虫防治研究得到深入开展。有几个进展值得关注：抗线虫资源筛选与利用（大豆、番茄、小麦等）；抗线虫砧木嫁接技术（番茄、茄子、一些瓜类）；高效杀线虫剂的国内加工与推广（噻唑膦、棉隆）；阿维菌素的开发利用（加工生产、剂型升级、复混）；生物防治剂的开发利用（淡紫拟青霉、厚垣轮枝菌、细菌等）；防治的精准化、简便化、一体化技术；基于田间线虫检测防治技术；田间农药减量技术。

第二章

线虫防治产品登记数量突飞猛进

据中国农药信息网的最新实时登记消息查询，截至目前，国内登记用于土壤线虫防治的产品已达 310 个，相比 2015 年 9 月的 147 个产品（含分装登记），年均增长 20.51%，每年新增产品数量也保持着 38.38% 的年均增长率，登记企业和产品数量都连续多年呈现暴发式增长。

一、登记趋势分析

1. 杀线虫剂登记产品数量变化

杀线虫剂登记产品数量变化详见图 2-1。

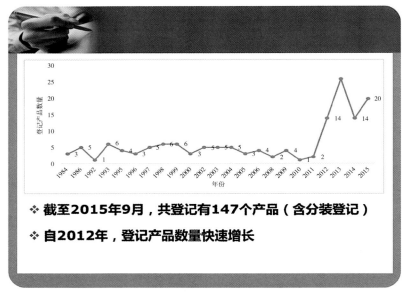

图 2-1　杀线虫剂登记产品数量变化

（数据来源：2015 年中国农药信息网）

2. 近年来杀线虫剂登记概况

在登记的全部产品中，阿维菌素、噻唑膦及复配制剂成为当之无愧的热门品种，其中也不乏氟烯线砜、氟吡菌酰胺、坚强芽孢杆菌、异硫氰酸烯丙酯、嗜硫小红卵菌 HNI-1、异菌脲、蜡质芽孢杆菌、淡紫拟青霉和厚孢轮枝菌等新增登记的杀线剂冲击原有土壤线虫防治市场，更有值得期待的阿维菌素 B_2 和三氟咪啶酰胺等全新杀线化合物正在审批登记，未来将有更多新产品和新技术正在或者即将改变线虫防治市场格局，并不断给土壤线虫防治市场的推动和发展注入新的机遇。

在国家对食品安全和环保核查不断收紧的大背景下，从新产品的登记趋势也能看出，坚强芽孢杆菌、嗜硫小红卵菌HNI-1、蜡质芽孢杆菌、淡紫拟青霉、厚孢轮枝菌和正在登记的阿维菌素 B_2 等生物杀线剂，将在未来土壤线虫防治市场空间和机会越来越大。

2014 年以来新增登记的不同类型杀菌剂产品数量详见图2-2。

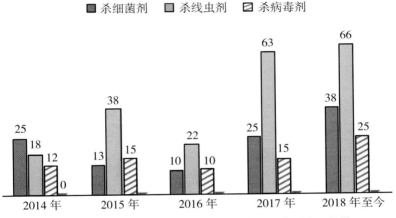

图 2-2　2014 年以来新增登记的不同类型杀菌剂产品数量
（数据来源：2018 年中国农药信息网）

二、登记企业和产品一览

据不完全统计，在世界范围内，由于线虫危害造成的经济损失高达 1 570 亿美元，有近 30 亿美元的市场机会。而国内每年因土壤线虫危害造成的损失高达 700 亿元，市场潜力巨大！线虫危害速度正在加快，线虫病害距离第一大植物病害已经不远！目前，笔者将最新的国内杀线剂产品登记企业进行系统梳理，详见表 2-1。

表 2-1 最新国内杀线虫产品登记企业名录

登记证号	农药名称	农药类别	剂型	总含量	有效期至	登记证持有人
PD20201071	阿维菌素·噻唑膦	杀菌剂	水乳剂	22%	2025-12-24	广西贝尔生物化学制品有限公司
PD20201033	噻唑膦	杀线虫剂	可溶液剂	960g/L	2025-11-24	山东省淄博市周村穗丰农药化工有限公司
PD20200989	阿维·噻唑膦	杀线虫剂	悬乳剂	5%	2025-10-27	广东省佛山市盈辉作物科学有限公司
PD20200744	噻虫嗪	杀线虫剂	颗粒剂	2%	2025-09-17	湖北省天门斯普林植物保护有限公司
PD20200379	阿维菌素	杀菌剂	颗粒剂	0.50%	2025-05-21	柳州市惠农化工有限公司
PD20200297	阿维菌素·噻唑膦	杀线虫剂	水乳剂	10%	2025-04-15	江苏云帆化工有限公司
PD20200225	寡糖·噻唑膦	杀菌剂	水乳剂	6%	2025-04-15	广东真格生物科技有限公司
PD20200214	阿维·噻唑膦	杀菌剂	颗粒剂	11%	2025-04-15	山东华阳农药化工集团有限公司
PD20200170	阿维菌素	杀线虫剂	颗粒剂	0.50%	2025-03-22	湖北省天门斯普林植物保护有限公司
PD20200169	阿维·噻唑膦	杀线虫剂	乳油	10%	2025-03-22	江西海阔利斯生物科技有限公司

（续表）

登记证号	农药名称	农药类别	剂型	总含量	有效期至	登记证持有人
PD20200136	三唑磷	杀菌剂	微囊悬浮剂	20%	2025-03-22	合肥合农农药有限公司
PD20200064	阿维·噻唑膦	杀线虫剂	微囊悬浮剂	6%	2025-01-19	南通联农佳田作物科技有限公司
PD20190174	噻唑膦	杀线虫剂	水乳剂	20%	2024-10-31	山东华阳农药化工集团有限公司
PD20190141	阿维·噻唑膦	杀菌剂	水乳剂	21%	2024-09-11	汝阳自强生物科技有限公司
PD20190021	嗜硫小红卵菌 HNI-1	杀菌剂	悬浮剂	2 亿 CFU/mL	2024-01-29	长沙艾格里生物科技有限公司
PD20190007	氟烯线砜	杀菌剂	乳油	40%	2024-01-29	安道麦马克西姆有限公司
PD20190006	异硫氰酸烯丙酯	杀菌剂	可溶液剂	20%	2024-01-29	北京亚戈农生物药业有限公司
PD20184318	阿维菌素	杀虫剂/杀线虫剂	缓释粒	1%	2023-11-5	河南好年景生物发展有限公司
PD20184306	厚孢轮枝菌	杀线虫剂	微粒剂	25 亿孢子/g	2023-09-25	云南微态源生物科技有限公司
PD20184244	阿维菌素	杀菌剂	颗粒剂	2.50%	2023-09-25	青岛佰丰作物科学有限公司

（续表）

登记证号	农药名称	农药类别	剂型	总含量	有效期至	登记证持有人
PD20184023	坚强芽孢杆菌	杀菌剂	可湿性粉剂	100亿芽孢/g	2023-08-29	江西顺泉生物科技有限公司
PD20183989	噻唑膦	杀菌剂	颗粒剂	10%	2023-08-20	山东鑫星农药有限公司
PD20183982	噻唑膦	杀菌剂	水乳剂	20%	2023-08-20	山东鑫星农药有限公司
PD20183908	阿维·噻唑膦	杀菌剂	颗粒剂	5%	2023-08-20	山东东泰农化有限公司
PD20183885	噻唑膦	杀菌剂	颗粒剂	15%	2023-08-20	江西禾益化工股份有限公司
PD20183868	噻唑膦	杀线虫剂	颗粒剂	10%	2023-08-20	山东大农药业有限公司
PD20183746	阿维·噻唑膦	杀菌剂	水乳剂	21%	2023-08-20	南京南农农药科技发展有限公司
PD20183745	噻唑膦	杀菌剂	微囊悬浮剂	30%	2023-08-20	江苏丰山集团股份有限公司
PD20183741	阿维菌素	杀菌剂	微囊悬浮剂	5%	2023-08-20	江苏省盐城双宁农化有限公司
PD20183511	噻唑膦	杀菌剂	水乳剂	20%	2023-08-20	上海宜邦生物工程（信阳）有限公司
PD20183397	阿维·噻唑膦	杀线虫剂	颗粒剂	15%	2023-08-20	北京富力特农业科技有限责任公司

（续表）

登记证号	农药名称	农药类别	剂型	总含量	有效期至	登记证持有人
PD20183380	阿维·噻唑膦	杀菌剂	颗粒剂	5%	2023-08-20	山东埃森化学有限公司
PD20183288	噻唑膦	杀菌剂	水乳剂	20%	2023-08-20	青岛海纳生物科技有限公司
PD20183083	甲维·氟氯氰	杀虫剂／杀线虫剂	颗粒剂	1.50%	2023-07-23	江西中迅农化有限公司
PD20183061	噻唑膦	杀线虫剂	水乳剂	20%	2023-07-23	青岛金正农药有限公司
PD20182881	噻唑膦	杀菌剂	水乳剂	20%	2023-07-23	广西兄弟农药厂
PD20182835	二嗪·噻唑膦	杀菌剂	颗粒剂	13%	2023-07-23	宁波石原金牛农业科技有限公司
PD20182601	阿维菌素	杀菌剂	颗粒剂	2.50%	2023-06-27	山东合生物科技有限公司
PD20182564	噻唑膦	杀菌剂	可溶液剂	5%	2023-06-27	山东绿德地生物科技有限公司
PD20182526	棉隆	杀虫剂	微粒剂	98%	2023-06-27	广东广康生化科技股份有限公司
PD20182524	噻唑膦	杀线虫剂	颗粒剂	10%	2023-06-27	兴农药业（中国）有限公司
PD20182435	寡糖·噻唑膦	杀线虫剂	颗粒剂	9%	2023-06-27	广东省佛山市盈辉作物科学有限公司

（续表）

登记证号	农药名称	农药类别	剂型	总含量	有效期至	登记证持有人
PD20182434	氰糖·噻唑膦	杀线虫剂	水乳剂	6%	2023-06-27	广东省佛山市盈辉作物科学有限公司
PD20182201	噻唑膦	杀菌剂	微囊悬浮剂	30%	2023-06-27	安徽佳田森农药工有限公司
PD20182198	甲氨基阿维菌素苯甲酸盐	杀虫剂/杀线虫剂	水乳剂	2%	2023-06-27	宁波纽康生物技术有限公司
PD20182107	阿维·噻唑膦	杀线虫剂/杀菌剂	颗粒剂	5%	2023-06-27	瑞隆化工（宿州）有限公司
PD20182006	阿维·噻唑膦	杀菌剂	颗粒剂	10%	2023-05-16	海南利蒙特生物科技有限公司
PD20181959	阿维菌素	杀菌剂	颗粒剂	1%	2023-05-16	江苏剑牌农化股份有限公司
PD20181924	阿维菌素	杀菌剂	微囊悬浮剂	5%	2023-05-16	东莞市德丰生物科技有限公司
PD20181881	氟啶·戊·杀螟	杀菌剂	种子处理可分散粉剂	12%	2023-05-16	河北博嘉农业有限公司
PD20181844	噻唑膦	杀菌剂	水乳剂	20%	2023-05-16	山东海而三利生物化工有限公司

（续表）

登记证号	农药名称	农药类别	剂型	总含量	有效期至	登记证持有人
PD20181820	阿维·噻唑膦	杀菌剂	颗粒剂	10%	2023-05-16	海南博士威农农用化学有限公司
PD20181814	阿维菌素	杀菌剂	颗粒剂	0.50%	2023-05-16	六夫丁作物保护有限公司
PD20181685	阿维菌素	杀菌剂	颗粒剂	1.50%	2023-05-16	山东源丰生物科技有限公司
PD20181678	阿维菌素	杀菌剂	颗粒剂	3%	2023-05-16	山东省济南赛普实业有限公司
PD20181652	阿维菌素	杀菌剂	颗粒剂	0.50%	2023-05-16	山都丽化工有限公司
PD20181651	阿维·噻唑膦	杀菌剂	颗粒剂	10.50%	2023-05-16	郑州郑氏化工产品有限公司
PD20181600	异硫氰酸烯丙酯	杀线虫剂	水乳剂	20%	2023-04-22	江苏腾龙生物药业有限公司
PD20181462	噻唑膦	杀菌剂	颗粒剂	10%	2023-04-17	河北双吉化工有限公司
PD20181171	噻唑膦	杀菌剂	水乳剂	20%	2023-03-15	山东沃康生物科技有限公司
PD20181131	阿维·噻唑膦	杀菌剂	颗粒剂	11%	2023-03-15	河北阔达生物制品有限公司
PD20181038	阿维·噻唑膦	杀线虫剂	微乳剂	10%	2023-03-15	燕化永乐（乐亭）生物科技有限公司
PD20181035	氨基寡糖素	杀菌剂	水剂	1%	2023-03-15	华植河北生物科技有限公司

（续表）

登记证号	农药名称	农药类别	剂型	总含量	有效期至	登记证持有人
PD20180997	三唑磷	杀菌剂	微囊悬浮剂	20%	2023-03-15	山东德浩化学有限公司
PD20180991	噻唑膦	杀菌剂	微囊悬浮剂	30%	2023-03-15	河北三农农用化工有限公司
PD20180864	阿维·噻唑膦	杀菌剂	颗粒剂	9%	2023-03-15	山东海利莱化工科技有限公司
PD20180857	威百亩	杀线虫剂	水剂	42%	2023-03-15	利民化学有限责任公司
PD20180836	阿维菌素	杀菌剂	颗粒剂	0.50%	2023-03-15	山东美罗福农业科技股份有限公司
PD20180816	噻唑膦	杀菌剂	颗粒剂	10%	2023-03-15	山东福川生物科技有限公司
PD20180711	阿维菌素	杀菌剂	颗粒剂	0.50%	2023-02-08	广西桂林市宏田生化有限责任公司
PD20180709	甲维·氟氯氰	杀菌剂	颗粒剂	0.10%	2023-02-08	成都科利隆生化有限公司
PD20180621	噻唑膦	杀菌剂	水乳剂	20%	2023-02-08	山西泓洋化工有限公司
PD20180619	阿维菌素	杀菌剂	颗粒剂	0.50%	2023-02-08	河南农王实业有限公司
PD20180596	噻唑膦	杀线虫剂	微乳剂	5%	2023-02-08	河北三农农用化工有限公司
PD20180460	寡糖·噻唑膦	杀线虫剂	微乳剂	20%	2023-02-08	海南正业中农高科股份有限公司

（续表）

登记证号	农药名称	农药类别	剂型	总含量	有效期至	登记证持有人
PD20180450	阿维·噻唑膦	杀菌剂	颗粒剂	11%	2023-02-08	甘肃华实农业科技有限公司
PD20180427	阿维·噻唑膦	杀菌剂	颗粒剂	15%	2023-01-14	陕西恒田生物农业有限公司
PD20180398	阿维·噻虫嗪	杀菌剂	悬浮种衣剂	30%	2023-01-14	广东省佛山市盈辉作物科学有限公司
PD20180319	噻唑膦	杀菌剂	微囊悬浮剂	10%	2023-01-14	山东省碧奥生物科技有限公司
PD20180273	噻唑膦	杀菌剂	微囊悬浮剂	20%	2023-01-14	山东省青岛金尔农化研制开发有限公司
PD20180217	噻唑膦	杀线虫剂	水乳剂	20%	2023-01-14	江门市大光明农化新会有限公司
PD20180203	阿维菌素	杀菌剂	颗粒剂	1.50%	2023-01-14	山东华阳农药化工集团有限公司
PD20180158	噻唑膦	杀菌剂	微囊悬浮剂	30%	2023-01-14	合肥合农药有限公司
PD20180115	甲维·噻唑膦	杀菌剂	水乳剂	9%	2023-01-14	潍坊万胜生物农药有限公司
PD20173365	噻唑膦	杀菌剂	颗粒剂	10%	2022-12-19	广东真格生物科技有限公司
PD20173267	阿维·噻唑膦	杀菌剂	颗粒剂	11%	2022-12-19	华北制药集团爱诺有限公司

（续表）

登记证号	农药名称	农药类别	剂型	总含量	有效期至	登记证持有人
PD20173252	噻唑膦	杀菌剂	水乳剂	20%	2022-12-19	佛山市高明区万邦生物有限公司
PD20173113	噻唑膦	杀菌剂	微囊悬浮剂	10%	2022-12-19	鹤壁全丰生物科技有限公司
PD20173106	阿维菌素	杀虫剂	乳油	5%	2022-12-19	浙江威尔达化工有限公司
PD20172947	寡糖·噻唑膦	杀线虫剂	颗粒剂	5%	2022-11-20	海南正业中农高科股份有限公司
PD20172898	噻唑膦	杀线虫剂	微囊悬浮剂	30%	2022-11-20	青岛正道药业有限公司
PD20172846	噻唑膦	杀菌剂	水乳剂	40%	2022-11-20	河北三农农用化工有限公司
PD20172834	噻唑膦	杀菌剂	可溶液剂	5%	2022-11-20	青岛佰丰作物科学有限公司
PD20172795	阿维菌素	杀菌剂	颗粒剂	0.50%	2022-11-20	安徽华微农化股份有限公司
PD20172728	阿维·噻唑膦	杀菌剂	颗粒剂	10.50%	2022-11-20	江西正邦作物保护股份有限公司
PD20172676	噻唑膦	杀线虫剂	微囊悬浮剂	30%	2022-11-20	广东立威化工有限公司
PD20172670	甲氨基阿维菌素苯甲酸盐	杀菌剂	微乳剂	2%	2022-11-20	浙江世佳科技股份有限公司
PD20172659	阿维·噻唑膦	杀菌剂	颗粒剂	10.50%	2022-11-20	江苏柔科化学有限公司

（续表）

登记证号	农药名称	农药类别	剂型	总含量	有效期至	登记证持有人
PD20172553	噻唑膦	杀菌剂	微囊悬浮剂	30%	2022-10-17	山东省绿土农药有限公司
PD20172457	阿维·噻唑膦	杀菌剂	水乳剂	21%	2022-10-17	江西众和化工有限公司
PD20172424	阿维·吡虫啉	杀菌剂	微囊悬浮剂	15%	2022-10-17	山东省青岛凯源祥化工有限公司
PD20172394	棉隆	杀线虫剂	微粒剂	98%	2022-10-17	浙江大鹏药业股份有限公司
PD20172377	噻唑膦	杀菌剂	水乳剂	20%	2022-10-17	山东大农药业有限公司
PD20172355	噻唑膦	杀线虫剂	颗粒剂	10%	2022-10-17	浙江平湖农药厂
PD20172219	噻唑膦	杀菌剂	微囊悬浮剂	30%	2022-10-17	山东源丰生物科技有限公司
PD20172104	噻唑膦	杀线虫剂	可溶液剂	5%	2022-09-18	青岛中达农业科技有限公司
PD20172081	噻唑膦	杀线虫剂	颗粒剂	10%	2022-09-18	山东绿德地生物科技有限公司
PD20172054	噻唑膦	杀菌剂	颗粒剂	10%	2022-09-18	山东禾宜生物科技有限公司
PD20172048	阿维菌素	杀虫剂	乳油	5%	2022-09-18	山东慧邦生物科技有限公司
PD20171972	阿维菌素	杀菌剂	颗粒剂	0.50%	2022-09-18	河南波尔森农业科技有限公司

（续表）

登记证号	农药名称	农药类别	剂型	总含量	有效期至	登记证持有人
PD20171872	阿维·噻唑膦	杀线虫剂	颗粒剂	5%	2022-09-18	广东省佛山市盈辉作物科学有限公司
PD20171835	阿维菌素	杀菌剂	颗粒剂	0.50%	2022-09-18	山东省青岛源祥化工有限公司
PD20171648	噻唑膦	杀线虫剂	颗粒剂	10%	2022-08-21	河北赛丰生物科技有限公司
PD20171457	噻唑膦	杀线虫剂	颗粒剂	10%	2022-08-21	山东恰浦农业科技有限公司
PD20171425	噻唑膦	杀线虫剂	颗粒剂	5%	2022-07-19	河南金田地农化有限责任公司
PD20171398	噻唑膦	杀菌剂	微囊悬浮剂	30%	2022-07-19	青岛小峰生物科技有限公司
PD20171397	阿维菌素	杀菌剂	颗粒剂	0.50%	2022-07-19	郑州郑氏化工产品有限公司
PD20171321	阿维菌素	杀菌剂	微囊悬浮剂	3%	2022-07-19	陕西康禾立丰生物科技药业有限公司
PD20171281	阿维菌素	杀菌剂	颗粒剂	1%	2022-07-19	山东泰阳生物科技有限公司
PD20171244	噻唑膦	杀菌剂	颗粒剂	20%	2022-07-19	广东省佛山市盈辉作物科学有限公司
PD20171219	阿维·噻唑膦	杀菌剂	颗粒剂	15%	2022-07-19	河北野田农用化学有限公司

（续表）

登记证号	农药名称	农药类别	剂型	总含量	有效期至	登记证持有人
PD20171183	噻唑膦	杀菌剂	颗粒剂	10%	2022-07-19	河北兴柏农业科技有限公司
PD20171133	噻唑膦	杀菌剂	颗粒剂	10%	2022-07-19	江西正邦作物保护股份有限公司
PD20171040	阿维·吡虫啉	杀虫剂	颗粒剂	3%	2022-05-31	浙江天一生物科技有限公司
PD20170915	噻唑膦	杀线虫剂	颗粒剂	10%	2022-05-09	柳州市惠农化工有限公司
PD20170856	阿维·噻唑膦	杀菌剂	颗粒剂	5%	2022-05-09	江西威力特生物科技有限公司
PD20170772	噻唑膦	杀菌剂	水乳剂	20%	2022-04-10	江苏龙灯化学有限公司
PD20170755	噻唑膦	杀线虫剂	颗粒剂	10%	2022-04-10	安徽久易农业股份有限公司
PD20170658	阿维·噻唑膦	杀菌剂	颗粒剂	10%	2022-04-10	江西众和化工有限公司
PD20170597	噻唑膦	杀菌剂	颗粒剂	10%	2022-04-10	江苏莱科化学有限公司
PD20170535	噻唑膦	杀菌剂	颗粒剂	10%	2022-04-10	山东滨海瀚生物科技有限公司
PD20170513	阿维·噻唑膦	杀线虫剂	颗粒剂	10.50%	2022-04-10	青岛恒丰作物科学有限公司
PD20170389	噻唑膦	杀菌剂	颗粒剂	15%	2022-03-09	山东埃森化学有限公司

（续表）

登记证号	农药名称	农药类别	剂型	总含量	有效期至	登记证持有人
PD20170259	阿维·噻唑膦	杀线虫剂	颗粒剂	6%	2022-02-13	山东圣鹏科技股份有限公司
PD20170250	阿维·异菌脲	杀菌剂	颗粒剂	2%	2022-02-13	东莞市瑞德丰生物科技有限公司
PD20170201	噻唑膦	杀菌剂	颗粒剂	10%	2022-02-13	河北军星生物化工有限公司
PD20170130	几糖·噻唑膦	杀线虫剂	颗粒剂	15%	2022-01-07	青岛中达农业科技有限公司
PD20170127	噻唑膦	杀菌剂	水乳剂	20%	2022-01-07	山东亿嘉农化有限公司
PD20170100	噻唑膦	杀菌剂	水乳剂	20%	2022-01-07	山东申达作物科技有限公司
PD20170097	阿维·噻唑膦	杀菌剂	颗粒剂	10.50%	2022-01-07	河北威远生物化工有限公司
PD20170067	噻唑膦	杀菌剂	颗粒剂	15%	2022-01-07	江苏辉丰生物农业股份有限公司
PD20170065	阿维·噻唑膦	杀菌剂	颗粒剂	10%	2022-01-07	陕西上格之路生物科学有限公司
PD20170064	噻唑膦	杀菌剂	颗粒剂	10%	2022-01-07	河北中保绿农作物科技有限公司
PD20170040	阿维·噻唑膦	杀菌剂	颗粒剂	11%	2022-01-07	陕西标正作物科学有限公司
PD20170017	噻唑膦	杀菌剂	颗粒剂	10%	2022-01-07	河北天发生物科技有限公司

（续表）

登记证号	农药名称	农药类别	剂型	总含量	有效期至	登记证持有人
PD20161591	噻唑膦	杀菌剂	颗粒剂	20%	2021-12-16	河北三农农用化工有限公司
PD20161584	噻唑膦	杀菌剂	水乳剂	20%	2021-12-16	江苏辉丰生物农业股份有限公司
PD20161582	硫酰氟	杀虫剂	气体制剂	99.80%	2021-12-16	杭州茂宇电子化学有限公司
PD20161539	丙溴磷	杀菌剂	颗粒剂	10%	2021-11-14	山东科大创业生物有限公司
PD20161526	阿维菌素	杀菌剂	颗粒剂	1%	2021-11-14	山东海讯生物科技有限公司
PD20161156	阿维菌素	杀线虫剂	颗粒剂	0.50%	2021-09-13	山东邹平农药有限公司
PD20161029	噻唑膦	杀线虫剂	颗粒剂	10%	2021-08-30	天津市华宇农药有限公司
PD20161012	噻唑膦	杀菌剂	颗粒剂	10%	2021-08-30	山东兆丰年生物科技有限公司
PD20160962	阿维菌素	杀菌剂	颗粒剂	2.50%	2021-07-27	广东省佛山市盈辉作物科学有限公司
PD20160933	阿维菌素	杀菌剂	颗粒剂	0.50%	2021-7-27	中诚国联（河南）生物科技有限公司
PD20160916	阿维菌素	杀线虫剂	颗粒剂	0.50%	2021-07-27	山东海而三利生物化工有限公司

（续表）

登记证号	农药名称	农药类别	剂型	总含量	有效期至	登记证持有人
PD20160778	噻唑膦	杀菌剂	颗粒剂	10%	2021-06-20	山西奇星农药有限公司
PD20160777	阿维·噻唑膦	杀菌剂	颗粒剂	3%	2021-06-20	海南力智生物工程有限责任公司
PD20160651	阿维菌素	杀虫剂／杀线虫剂	可溶液剂	0.50%	2021-04-27	山东省联合农药工业有限公司
PD20160566	阿维·噻唑膦	杀虫剂	颗粒剂	5%	2021-04-26	河南金田地农化有限责任公司
PD20160534	噻唑膦	杀菌剂	颗粒剂	10%	2021-04-26	海南力智生物工程有限责任公司
PD20160480	阿维菌素	杀线虫剂	微乳剂	5%	2026-03-18	上海惠光环境科技有限公司
PD20160479	阿维·噻唑膦	杀菌剂	颗粒剂	10%	2026-03-18	陕西美邦药业集团股份有限公司
PD20160279	阿维菌素	杀菌剂	颗粒剂	1%	2026-02-25	海南力智生物工程有限责任公司
PD20160150	噻唑膦	杀菌剂	颗粒剂	10%	2026-02-24	青岛正道药业有限公司
PD20160147	噻唑膦	杀菌剂	颗粒剂	15%	2026-02-24	陕西上格之路生物科学有限公司

（续表）

登记证号	农药名称	农药类别	剂型	总含量	有效期至	登记证持有人
PD20160140	阿维菌素	杀菌剂	颗粒剂	0.50%	2026-02-24	青岛佰丰作物科学有限公司
PD20152619	阿维·吡虫啉	杀菌剂	微囊悬浮剂	15%	2025-12-17	海利尔药业集团股份有限公司
PD20152579	厚孢轮枝菌	杀菌剂	颗粒剂	2.5 亿孢子/g	2025-12-06	广东真格生物科技有限公司
PD20152558	阿维菌素	杀菌剂	颗粒剂	1%	2025-12-05	山东省绿士农药有限公司
PD20152517	噻唑膦	杀菌剂	水乳剂	20%	2025-12-05	陕西亿田丰作物科技有限公司
PD20152491	苏云金杆菌	杀虫剂/杀菌剂	悬浮种衣剂	4 000IU/mg	2025-12-05	黑龙江省佳木斯兴宇生物技术开发有限公司
PD20152489	氰烯·杀螟丹	杀菌剂	可湿性粉剂	20%	2025-12-05	江苏省绿盾植保农药实验有限公司
PD20152453	噻唑膦	杀线虫剂	可溶液剂	5%	2025-12-04	山东省联合农药工业有限公司
PD20152452	噻唑膦	杀菌剂	颗粒剂	10%	2025-12-04	山东申达作物科技有限公司
PD20152418	噻唑膦	杀菌剂	颗粒剂	10%	2025-10-25	山东荣邦化工有限公司

（续表）

登记证号	农药名称	农药类别	剂型	总含量	有效期至	登记证持有人
PD20152351	阿维菌素	杀菌剂	颗粒剂	0.50%	2025-10-22	河北金德伦生化科技有限公司
PD20152231	阿维菌素	杀菌剂	颗粒剂	0.50%	2025-09-23	新乡市莱恩坪安园林有限公司
PD20152154	噻唑膦	杀菌剂	颗粒剂	15%	2025-09-22	东莞市瑞德丰生物科技有限公司
PD20152015	淡紫拟青霉	杀菌剂	粉剂	2亿孢子/g	2025-09-21	江西新龙生物科技股份有限公司
PD20151764	阿维·噻唑膦	杀菌剂	颗粒剂	10.50%	2025-08-28	燕化永乐（乐亭）生物科技有限公司
PD20151719	阿维菌素	杀菌剂	颗粒剂	0.50%	2025-08-28	陕西亿田丰作物科技有限公司
PD20151694	噻唑膦	杀菌剂	颗粒剂	10%	2025-09-21	山东华阳农药化工集团有限公司
PD20151508	噻唑膦	杀线虫剂	颗粒剂	10%	2025-07-31	山东邹平农药有限公司
PD20151360	噻唑膦	杀线虫剂	颗粒剂	10%	2025-07-30	山东澳得利化工有限公司

（续表）

登记证号	农药名称	农药类别	剂型	总含量	有效期至	登记证持有人
PD20151254	噻唑膦	杀线虫剂	颗粒剂	10%	2025-07-30	山东省淄博市周村穗丰农药化工有限公司
PD20151241	阿维菌素	杀菌剂	颗粒剂	0.50%	2025-07-30	江门市大光明农化新会有限公司
PD20151197	棉隆	杀菌剂	微粒剂	98%	2025-06-27	顺毅股份有限公司
PD20151070	噻唑膦	杀菌剂	颗粒剂	10%	2025-06-14	陕西汤普森生物科技有限公司
PD20151059	阿维菌素	杀线虫剂	颗粒剂	1.50%	2025-06-14	广东省佛山市盈辉作物科学有限公司
PD20150958	噻唑膦	杀线虫剂	颗粒剂	10%	2025-06-11	山东省泗水丰田农药有限公司
PD20150847	噻唑膦	杀菌剂	乳油	75%	2025-05-18	河北三农农用化工有限公司
PD20150790	阿维菌素	杀菌剂	颗粒剂	0.50%	2025-05-13	陕西美邦药业集团股份有限公司
PD20150733	阿维菌素	杀菌剂	颗粒剂	1%	2025-04-20	上海沪联生物药业（夏邑）股份有限公司

（续表）

登记证号	农药名称	农药类别	剂型	总含量	有效期至	登记证持有人
PD20150721	噻唑膦	杀菌剂	颗粒剂	15%	2025-04-20	河北冠龙农化有限公司
PD20150681	阿维菌素	杀菌剂	颗粒剂	0.50%	2025-04-17	山东省凯利农生物科技有限公司
PD20150678	多·福·甲维盐	杀菌剂/杀虫剂	悬浮种衣剂	20.50%	2025-04-17	黑龙江省佳木斯宇生物技术开发有限公司
PD20150533	阿维·丁硫	杀菌剂	微乳剂	15%	2025-03-23	内蒙古清源保生物科技有限公司
PD20150497	淡紫拟青霉	杀线虫剂	粉剂	2亿孢子/g	2025-03-23	江西天人生态股份有限公司
PD20150298	阿维菌素	杀菌剂	颗粒剂	1%	2025-02-04	东莞市瑞德丰生物科技有限公司
PD20150228	噻唑膦	杀菌剂	微囊悬浮剂	30%	2025-01-15	山东省联合农药工业有限公司
PD20150073	丁硫·甲维盐	杀菌剂	水乳剂	25%	2025-01-05	潍坊万胜生物农药有限公司
PD20150066	噻唑膦	杀菌剂	颗粒剂	10%	2025-01-05	湖北蕲农化工有限公司
PD20150022	噻唑膦	杀菌剂	颗粒剂	10%	2025-01-04	山东省联合农药工业有限公司

（续表）

登记证号	农药名称	农药类别	剂型	总含量	有效期至	登记证持有人
PD20142395	蜡质芽孢杆菌	杀菌剂	悬浮剂	10亿CFU/mg	2024-11-06	江苏常隆化工有限公司
PD20142065	阿维菌素	杀菌剂	微囊悬浮剂	3%	2024-08-28	济南绿霸农药有限公司
PD20141820	阿维菌素	杀虫剂	乳油	5%	2024-07-23	浙江世佳科技股份有限公司
PD20141603	阿维菌素	杀菌剂	微囊悬浮剂	3%	2024-06-24	山东滨海海瀚生生物科技有限公司
PD20141598	噻唑膦	杀菌剂	颗粒剂	10%	2024-06-23	吉林省吉享农业科技有限公司
PD20141391	阿维菌素	杀菌剂	微囊悬浮剂	5%	2024-06-05	南通联农佳田作物科技有限公司
PD20141205	噻唑膦	杀菌剂	水乳剂	20%	2024-05-06	江西中迅农化有限公司
PD20141090	阿维菌素	杀菌剂	颗粒剂	0.50%	2024-04-27	德强生物股份有限公司
PD20141069	阿维菌素	杀菌剂	颗粒剂	0.50%	2024-04-25	山东齐发药业有限公司
PD20140870	阿维菌素	杀菌剂	颗粒剂	0.50%	2024-04-08	山东省济宁市通达化工厂
PD20140866	阿维·吡虫啉	杀菌剂	微囊悬浮剂	15%	2024-04-08	山东省青岛奥迪斯生物科技有限公司

（续表）

登记证号	农药名称	农药类别	剂型	总含量	有效期至	登记证持有人
PD20140836	噻唑膦	杀菌剂	颗粒剂	5%	2024-04-08	河北三农农用化工有限公司
PD20140804	噻唑膦	杀菌剂	颗粒剂	10%	2024-03-25	江西欧美生物科技有限公司
PD20140674	噻唑膦	杀菌剂	颗粒剂	10%	2024-03-24	天津市汉邦植物保护剂有限责任公司
PD20140653	甲氨基阿维菌素苯甲酸盐	杀虫剂	微乳剂	3%	2024-03-14	济南中科绿色生物工程有限公司
PD20140550	苦参碱	杀虫剂	水剂	0.30%	2024-03-06	丽水市绿谷生物药业有限公司
PD20140479	阿维菌素	杀菌剂	颗粒剂	0.50%	2024-02-25	撒尔夫（河南）农化有限公司
PD20140282	噻唑膦	杀菌剂	颗粒剂	10%	2024-02-12	山东德浩化学有限公司
PD20140147	噻唑膦	杀线虫剂	颗粒剂	10%	2024-01-20	广东省佛山市盈辉作物科学有限公司
PD20132561	阿维菌素	杀线虫剂	微囊悬浮剂	3%	2023-12-17	山东玉成生化农药有限公司
PD20132544	阿维菌素	杀菌剂	颗粒剂	0.50%	2023-12-16	海南江河农药化工厂有限公司

（续表）

登记证号	农药名称	农药类别	剂型	总含量	有效期至	登记证持有人
PD20132490	阿维菌素	杀线虫剂	颗粒剂	0.50%	2023-12-10	山东澳得利化工有限公司
PD20132284	噻唑膦	杀菌剂	颗粒剂	10%	2023-11-08	山东玉成生化农药有限公司
PD20132274	噻唑膦	杀菌剂	颗粒剂	10%	2023-11-08	美国默赛技术公司
PD20132147	噻唑膦	杀菌剂	颗粒剂	10%	2023-10-29	河北威远生物化工有限公司
PD20132132	氨基寡糖素	杀菌剂	水剂	0.50%	2023-10-24	成都新朝阳作物科学股份有限公司
PD20132093	噻唑膦	杀线虫剂	颗粒剂	10%	2023-10-24	江苏嘉隆化工有限公司
PD20131968	阿维菌素	杀线虫剂	颗粒剂	0.50%	2023-10-10	山东省联合农药工业有限公司
PD20131817	阿维菌素	杀菌剂	微囊悬浮剂	3%	2023-09-17	山东省青岛润生农化有限公司
PD20131724	阿维菌素	杀菌剂	颗粒剂	1%	2023-08-16	华北制药集团爱诺有限公司
PD20131625	阿维菌素	杀菌剂	颗粒剂	1%	2023-07-30	山东申达作物科技有限公司
PD20131610	噻唑膦	杀菌剂	颗粒剂	10%	2023-07-29	江苏富田农化有限公司
PD20131280	阿维菌素	杀菌剂	颗粒剂	0.50%	2023-06-08	河南省周口市红旗农药有限公司

（续表）

登记证号	农药名称	农药类别	剂型	总含量	有效期至	登记证持有人
PD20131246	氨基寡糖素	杀菌剂	水剂	2%	2023-05-31	江西田友生化有限公司
PD20131229	阿维菌素	杀线虫剂	颗粒剂	0.50%	2023-05-28	河北卓诚化工有限责任公司
PD20131199	噻唑膦	杀菌剂	颗粒剂	15%	2023-05-27	一帆生物科技集团有限公司
PD20130950	噻唑膦	杀菌剂	颗粒剂	10%	2023-05-02	济南仕邦农化有限公司
PD20130912	阿维菌素	杀线虫剂	颗粒剂	0.50%	2023-04-28	山东省淄博市周村德丰农药化工有限公司
PD20130851	阿维菌素	杀菌剂	颗粒剂	1%	2023-04-22	江苏丰山集团股份有限公司
PD20130626	甲氨基阿维菌素苯甲酸盐	杀虫剂	微乳剂	2%	2023-04-03	浙江钱江生物化学股份有限公司
PD20130613	阿维菌素	杀线虫剂	颗粒剂	1%	2023-04-03	山东松冈化学有限公司
PD20130601	阿维菌素	杀菌剂	颗粒剂	0.50%	2023-04-02	青岛星牌作物科学有限公司
PD20130528	阿维菌素	杀线虫剂	颗粒剂	0.50%	2023-03-27	山东亿嘉农化有限公司
PD20130473	阿维·多·福	杀线虫剂／杀菌剂	悬浮种衣剂	35.60%	2023-03-20	沈阳科创化学品有限公司
PD20130193	阿维菌素	杀线虫剂	颗粒剂	1%	2023-01-24	广东省佛山市盈辉作物科学有限公司

（续表）

登记证号	农药名称	农药类别	剂型	总含量	有效期至	登记证持有人
PD20130153	噻唑膦	杀线虫剂	颗粒剂	10%	2023-01-17	海利尔药业集团股份有限公司
PD20130070	噻唑膦	杀菌剂	颗粒剂	10%	2023-01-07	山东省青岛奥迪斯生物科技有限公司
PD20122019	淡紫拟青霉	杀菌剂	颗粒剂	5亿活孢子/g	2022-12-19	广东省佛山市盈辉作物科学有限公司
PD20121793	阿维菌素	杀线虫剂	颗粒剂	0.50%	2022-11-22	陕西上格之路生物科学有限公司
PD20121743	阿维菌素	杀菌剂	颗粒剂	0.50%	2022-11-08	汝阳自强生物科技有限公司
PD20121664	氟吡菌酰胺	杀菌剂	悬浮剂	41.70%	2022-11-05	拜耳股份公司
PD20121495	甲氨基阿维菌素苯甲酸盐	杀虫剂	乳油	2%	2022-10-09	江西中迅农化有限公司
PD20120895	阿维菌素	杀线虫剂	颗粒剂	0.50%	2022-05-24	福建新农大正生物工程有限公司
PD20120734	噻唑膦	杀线虫剂	颗粒剂	10%	2022-05-03	河北三农农用化工有限公司
PD20120724	阿维菌素	杀虫剂	颗粒剂	0.50%	2022-05-02	江苏嘉隆化工有限公司

（续表）

登记证号	农药名称	农药类别	剂型	总含量	有效期至	登记证持有人
PD20120422	甲氨基阿维菌素苯甲酸盐	杀虫剂	微乳剂	3%	2022-03-14	湖南新长山农业发展股份有限公司
PD20120178	阿维菌素	杀菌剂	颗粒剂	0.50%	2022-01-30	山东兆丰年生物科技有限公司
PD20111108	阿维菌素	杀虫剂	颗粒剂	0.50%	2021-10-18	山东国润生物农药有限责任公司
PD20111009	阿维菌素	杀线虫剂	颗粒剂	0.50%	2021-09-28	海南力智生物工程有限责任公司
PD20110968	阿维菌素	杀线虫剂	颗粒剂	0.50%	2021-09-13	广东省佛山市盈辉作物科学有限公司
PD20110951	淡紫拟青霉	杀虫剂	颗粒剂	5亿活孢子/g	2021-09-08	德强生物股份有限公司
PD20110859	硫酰氟	杀虫剂	气体制剂	99%	2021-08-23	龙口市化工厂
PD20110570	阿维菌素	杀虫剂	颗粒剂	0.50%	2021-05-27	山东省泰安市泰山现代农业科技有限公司
PD20110568	阿维菌素	杀线虫剂	颗粒剂	0.50%	2021-05-27	济南仕邦农化有限公司

（续表）

登记证号	农药名称	农药类别	剂型	总含量	有效期至	登记证持有人
PD20110256	氰氨化钙	杀菌剂	颗粒剂	50%	2026-03-04	宁夏大荣化工冶金有限公司
PD20110230	阿维菌素	杀虫剂	微囊悬浮剂	1%	2026-02-28	黑龙江省平山林业制药厂
PD20110133	阿维菌素	杀虫剂	颗粒剂	0.50%	2026-02-09	深圳诺普信农化股份有限公司
PD20102108	阿维·丁硫	杀线虫剂	水乳剂	25%	2025-11-30	四川百事东旺生物科技有限公司
PD20101546	威百亩	除草剂	水剂	35%	2025-05-19	辽宁省沈阳丰收农药有限公司
PD20101215	杀螟·乙蒜素	杀菌剂	可湿性粉剂	17%	2025-02-21	江苏省绿盾植保农药实验有限公司
PD20100563	阿维菌素	杀虫剂	乳油	5%	2025-01-14	济南中科绿色生物工程有限公司
PD20098423	阿维菌素	杀虫剂	乳油	1.80%	2024-12-24	江西山野化工有限责任公司
PD20097986	噻唑膦	杀线虫剂	颗粒剂	10%	2024-12-01	宁波石原金牛农业科技有限公司
PD20097561	克百威	杀虫剂	颗粒剂	3%	2024-11-03	安徽蓝田农业开发有限公司

（续表）

登记证号	农药名称	农药类别	剂型	总含量	有效期至	登记证持有人
PD20096841	淡紫拟青霉	杀线虫剂	粉剂	2亿活孢子/g	2024-09-21	福建凯立生物制品有限公司
PD20096471	灭线磷	杀虫剂/杀线虫剂	颗粒剂	10%	2024-08-17	广东省英红华侨农药厂
PD20094190	灭线磷	杀虫剂	颗粒剂	5%	2024-03-30	广东省佛山市盈辉作物科学有限公司
PD20093146	克百威	杀虫剂	颗粒剂	3%	2024-03-11	青岛星牌作物科学有限公司
PD20092830	多·福·克	杀菌剂	悬浮种衣剂	25%	2024-03-05	山东华阳农药化工集团有限公司
PD20092483	克百威	杀虫剂	颗粒剂	3%	2024-02-26	镇江建苏农药化工有限公司
PD20092425	咪鲜·杀螟丹	杀菌剂	可湿性粉剂	16%	2024-02-25	绩溪农华生物科技有限公司
PD20092277	克百威	杀虫剂	颗粒剂	3%	2024-02-24	山东华阳农药化工集团有限公司
PD20092017	阿维菌素	杀虫剂	乳油	3.20%	2024-02-12	浙江拜克生物科技有限公司
PD20091541	丁硫·毒死蜱	杀虫剂	颗粒剂	5%	2024-02-04	绍兴天诺农化有限公司
PD20091351	咪鲜·杀螟丹	杀虫剂	可湿性粉剂	16%	2024-02-02	镇江建苏农药化工有限公司

（续表）

登记证号	农药名称	农药类别	剂型	总含量	有效期至	登记证持有人
PD20090840	阿维菌素	杀虫剂	乳油	5%	2024-01-19	陕西上格之路生物科学有限公司
PD20090276	咪鲜·杀螟丹	杀菌剂	可湿性粉剂	12%	2024-01-09	江苏省南通正达农化有限公司
PD20090187	杀螟丹	杀线虫剂	水剂	6%	2024-01-08	江苏省绿盾植保农药实验有限公司
PD20086319	克百威	杀虫剂/杀线虫剂	颗粒剂	3%	2023-12-31	广西国泰农药有限公司
PD20086273	多·福·克	杀虫剂/杀菌剂	悬浮种衣剂	35%	2023-12-31	安徽丰乐农化有限责任公司
PD20085788	咪鲜·杀螟丹	杀菌剂	可湿性粉剂	18%	2023-12-29	浙江平湖农药厂
PD20085640	咪鲜·杀螟丹	杀虫剂	悬浮剂	18%	2023-12-26	江苏辉丰生物农业股份有限公司
PD20085339	克百威	杀虫剂	颗粒剂	3%	2023-12-24	安道麦股份有限公司
PD20085336	灭线磷	杀线虫剂	颗粒剂	5%	2023-12-24	山东省淄博市周村穗丰农药化工有限公司

（续表）

登记证号	农药名称	农药类别	剂型	总含量	有效期至	登记证持有人
PD20085328	克百威	杀虫剂/杀线虫剂	颗粒剂	3%	2023-12-24	衡水明润科技有限公司
PD20085046	灭线磷	杀虫剂	颗粒剂	5%	2023-12-23	山东省济宁市通达化工厂
PD20085031	丁硫克百威	杀虫剂	颗粒剂	5%	2023-12-22	江苏嘉隆化工有限公司
PD20084588	灭线磷	杀虫剂	乳油	40%	2023-12-18	山东省淄博市周村穗丰农药化工有限公司
PD20084565	灭线磷	杀虫剂	颗粒剂	5%	2023-12-18	江苏丰山集团股份有限公司
PD20084542	多·福·克	杀虫剂/杀菌剂	种衣剂	25%	2023-12-18	沈阳化工研究院（南通）化工科技发展有限公司
PD20084449	多·福·克	杀虫剂	悬浮种衣剂	35%	2023-12-17	齐齐哈尔盛泽农药有限公司
PD20083735	克百威	杀虫剂	颗粒剂	3%	2023-12-15	湖北蕲农化工有限公司
PD20083517	克百威	杀虫剂	颗粒剂	3%	2023-12-12	安徽华微农化股份有限公司
PD20083237	克百威	杀虫剂	颗粒剂	3%	2023-12-11	河南省安阳市红旗药业有限公司
PD20083236	克百威	杀虫剂	颗粒剂	3%	2023-12-11	河南蕴农植保科技有限公司
PD20083211	灭线磷	杀线虫剂	颗粒剂	10%	2023-12-11	江苏丰山集团股份有限公司

（续表）

登记证号	农药名称	农药类别	剂型	总含量	有效期至	登记证持有人
PD20082895	克百威	杀虫剂	颗粒剂	3%	2023-12-09	广农制药（广州）有限公司
PD20082713	克百威	杀虫剂	颗粒剂	3%	2023-12-05	浙江天一生物化学科技有限公司
PD20082471	克百威	杀虫剂	颗粒剂	3%	2023-12-03	山东埃森化学有限公司
PD20082127	咪鲜·杀螟丹	杀菌剂	可湿性粉剂	16%	2023-11-25	江苏省绿盾植保农药实验有限公司
PD20081712	克百威	杀虫剂	颗粒剂	3%	2023-11-18	杭州禾新化工有限公司
PD20081123	威百亩	杀线虫剂	水剂	35%	2023-08-19	利民化学有限责任公司
PD20070381	厚孢轮枝菌	杀线虫剂	微粒剂	2.5亿个孢子/g	2022-10-24	云南微态源生物科技有限公司
PD20070013	棉隆	杀线虫剂	微粒剂	98%	2022-01-18	江苏省南通施壮化工有限公司
PD20050145	噻唑膦	杀线虫剂	颗粒剂	10%	2025-09-19	日本石原产业株式会社
PDN64-2000	克百威	杀虫剂	颗粒剂	3%	2025-03-19	广东省英红华侨农药厂
PDN58-98	辛硫·甲拌磷	杀虫剂	粉粒剂	10%	2023-12-10	万荣欣苗农药化工有限公司
PDN51-97	涕灭威	杀虫剂/杀线虫剂	颗粒剂	5%	2023-06-23	山东华阳农药化工集团有限公司

（续表）

登记证号	农药名称	农药类别	剂型	总含量	有效期至	登记证持有人
PDN47-97	克百威	杀虫剂/杀线虫剂	颗粒剂	3%	2022-04-22	湖南岳阳安达化工有限公司
PDN45-97	克百威	杀虫剂	颗粒剂	3%	2021-12-26	湖南海利化工股份有限公司
PD86165-6	甲基异柳磷	杀虫剂	乳油	40%	2021-12-06	河北威远生物化工有限公司
PD86165-3	甲基异柳磷	杀虫剂	乳油	40%	2021-12-07	湖北仙隆化工股份有限公司
PD86164-2	甲基异柳磷	杀虫剂	乳油	35%	2021-12-07	湖北仙隆化工股份有限公司
PD84129	氯化苦	杀菌剂	液剂	99.50%	2024-12-03	辽宁省大连绿峰化学股份有限公司
PD11-86	克百威	杀虫剂/杀线虫剂	颗粒剂	3%	2021-03-08	美国富美实公司

数据来源：中国农药信息网，截至时间 2021 年 1 月 20 日。

第三章

大宗常规杀线虫剂的产业现状分析

一、阿维菌素

作为一种大环内酯双糖类化合物，阿维菌素是从土壤微生物中分离的天然产物，对昆虫和螨类具有触杀和胃毒作用，并有微弱的熏蒸作用，无内吸作用，但它对叶片有很强的渗透作用，可杀死表皮下的害虫，且残效期长，阿维菌素不杀卵。其作用机制与一般杀虫剂不同，它干扰神经生理活动，刺激释放γ-氨基丁酸，而γ-氨基丁酸对节肢动物的神经传导有抑制作用，螨类（成螨、若螨）和昆虫（成虫、幼虫）与药剂接触后即出现麻痹症状，不活动不取食，2~4d后死亡。因不引起昆虫迅速脱水，所以它的致死作用较慢。对捕食性和寄生性天敌虽有直接杀伤作用，但因植物表面残留少，因此对益虫的损伤小。

市场前景分析：阿维菌素潜在市场大，国内外市场广阔，前景看好，发展中国家和地区对此产品的需求正呈现逐步上升的趋势。在国内市场上，由于阿维菌素的相对价格目前较合适，主要使用对象为果树、蔬菜等经济作物及更广泛范围的普通农作物，可在全国范围内大面积推广使用。此前中国对甲胺磷、对硫磷、甲基对硫磷和久效磷等高毒农药的禁用，之后中国又加入 WTO，在国际农产品和食品贸易中面对苛刻的农药残留标准，无疑为阿维菌素等生物农药的发展提供了巨大的机遇。如果阿维菌素的生产能按照市场需求从宏观上实行总量控制，从工艺上多开发复配制剂，在企业结构上组成集团结盟，不断改进技术，降低成本，扩大登记作物和防治对象，阿维菌素市场前景仍然充满希望和光明，专家预言"全球农药生产生物化的大趋势"将使阿维菌素前景乐观。

1. 生产工艺介绍和技术指标分析

（1）生产工艺介绍

阿维菌素原药的生产主要分发酵和提取两个阶段。

发酵：其生产工序分为菌种制备、种子培养、配料及发酵培养。

将淀粉、葡萄糖、油等原料经计量按一定的配比在种子罐中配成培养基并搅拌均匀，盘管内通入蒸汽预热，然后罐内直接通入蒸汽进行实消，再进行冷却，将菌种接入种子罐中进行培养，培养过程中通入无菌空气，发酵过程中控制罐内温度、通气量和搅拌转速、补料及消泡，同时定期检验分析。发酵结束后，醪液压入发酵液罐。

提取：合格的醪液用泵打入提取车间，用板框压滤机进行分离，所得菌丝体用闪蒸干燥机进行干燥，然后放入浸取罐，加入乙醇进行提取，所得提取液进行浓缩，浓缩液中加入甲苯进行脱糖、脱色，经蒸馏除去甲苯后，加乙醇再进行结晶、重结晶得到精品，经真空干燥后进行内包和外包。母液浓缩后得原药。

（2）工艺流程（图3-1）

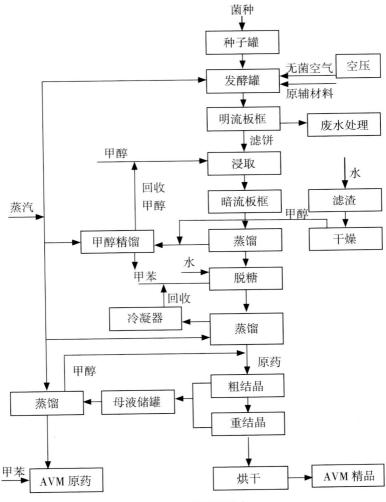

图3-1　生产工艺流程

2. 阿维菌素原药的技术指标（表 3-1）

表 3-1　阿维菌素原药的技术指标

项　目	指　标
$B_{1a}+B_{1b}$ 质量分数 /%	≥ 92.0
α（B_{1a}/B_{1b}）	≥ 10.0
丙酮不溶物 /%	≤ 0.2
pH 值范围 *	≤ 4.5~7.0

注：* 正常生产时，丙酮不溶物的质量分数每 3 个月至少测定 1 次。

3. 主要生产厂家和产能介绍

　　据中国农药信息网最新数据查询，河北兴柏农业科技有限公司、山东齐发药业有限公司、河北威远生物化工有限公司、华北制药集团爱诺有限公司、浙江海正化工股份有限公司和黑龙江省大庆志飞生物化工有限公司等 54 家公司都有原药在登记（表 3-2），其中很多厂家由于环保核查、安全生产和自然淘汰等原因，处于不生产、待产或停产的状态。

　　据河北兴柏农业科技有限公司负责人介绍，公司主要生产阿维菌素原药和制剂，其中阿维菌素原药产能为 1 500t，1.8% 阿维菌素乳油产能为 5 600t，5% 阿维菌素乳油产能为 1 800t，1.8% 阿维菌素水乳剂产能为 800t。

表 3-2　54家阿维菌素和甲氨基阿维菌素苯甲酸盐原药厂家

登记证号	农药名称	农药类别	剂型	总含量	有效期至	登记证持有人
PD20030007	阿维菌素	杀虫剂	原药	90%	2023-07-10	华北制药集团爱诺有限公司
PD20083880	阿维菌素	杀虫剂	原药	92%	2023-12-15	宁夏泰益欣生物科技有限公司
PD20121842	甲氨基阿维菌素苯甲酸盐	杀虫剂	原药	83.5%	2022-11-28	湖南国发精细化工科技有限公司
PD20110877	阿维菌素	杀虫剂	原药	96%	2021-08-16	京博农化科技有限公司
PD20120431	阿维菌素	杀虫剂	原药	92%	2022-03-14	南京红太阳股份有限公司
PD20151001	甲氨基阿维菌素苯甲酸盐	杀虫剂/杀螨剂	原药	96%	2025-06-12	山东潍坊润丰化工股份有限公司
PD20080789	阿维菌素	杀螨剂/杀虫剂	原药	92%	2023-06-20	桂林集琦生化有限公司
PD20083944	甲氨基阿维菌素苯甲酸盐	杀虫剂	原药	95%	2023-12-15	瑞士先正达作物保护有限公司
PD20094210	阿维菌素	杀虫剂	原药	92%	2024-03-31	河北兴柏农业科技有限公司
PD20080929	甲氨基阿维菌素苯甲酸盐	杀虫剂	原药	95%	2023-07-17	黑龙江省大庆志飞生物化工有限公司
PD20160906	阿维菌素	杀虫剂	原药	97%	2021-07-27	江苏龙灯化学有限公司

（续表）

登记证号	农药名称	农药类别	剂型	总含量	有效期至	登记证持有人
PD20111240	甲氨基阿维菌素苯甲酸盐	杀虫剂	原药	79.1%	2021-11-18	河北天顺生物工程有限公司
PD20082628	阿维菌素	杀虫剂	原药	92%	2023-12-04	康欣生物科技有限公司
PD20070122	阿维菌素	杀虫剂	原药	90%	2022-05-18	浙江拜克生物科技有限公司
PD20050215	阿维菌素	杀虫剂	原药	95%	2025-12-23	河北威远生物化工有限公司
PD20070068	阿维菌素	杀虫剂	原药	93%	2022-03-21	黑龙江省大庆志飞生物化工有限公司
PD20140176	甲氨基阿维菌素苯甲酸盐	杀虫剂	原药	79.1%	2024-01-28	顺毅南通化工有限公司
PD20182180	甲氨基阿维菌素苯甲酸盐	杀虫剂	原药	95%	2023-06-27	宁夏泰益欣生物科技有限公司
PD20086233	甲氨基阿维菌素苯甲酸盐	杀虫剂	原药	95%	2023-12-31	河北美荷药业有限公司
PD20130706	甲氨基阿维菌素苯甲酸盐	杀虫剂	原药	81.5%	2023-04-11	江苏常隆农化有限公司
PD20096388	甲氨基阿维菌素苯甲酸盐	杀虫剂	原药	79.1%	2024-08-04	上海沪联生物药业（夏邑）股份有限公司

（续表）

登记证号	农药名称	农药类别	剂型	总含量	有效期至	登记证持有人
PD20095124	甲氨基阿维菌素苯甲酸盐	杀虫剂	原药	83.5%	2024-04-24	京博农化科技有限公司
PD20100782	阿维菌素	杀虫剂	原药	95%	2025-01-18	上虞颖泰精细化工有限公司
PD20081170	阿维菌素	杀虫剂	原药	92%	2023-09-11	山东齐发药业有限公司
PD20132006	阿维菌素	杀虫剂	原药	95%	2023-10-17	河北万博生物科技有限公司
PD20081062	阿维菌素	杀虫剂	原药	95%	2023-08-14	内蒙古百灵科技有限公司
PD20160318	甲氨基阿维菌素苯甲酸盐	杀虫剂	原药	95%	2026-02-26	荆门金贤达生物科技有限公司
PD20080161	阿维菌素	杀虫剂	原药	92%	2023-01-04	浙江钱江生物化学股份有限公司
PD20070110	阿维菌素	杀虫剂	原药	92%	2022-04-26	江苏丰源生物工程有限公司
PD20082349	阿维菌素	杀虫剂	原药	92%	2023-12-01	内蒙古拜克生物有限公司
PD20084919	阿维菌素	杀虫剂	原药	95%	2023-12-22	内蒙古新威远生物化工有限公司
PD20152580	阿维菌素	杀虫剂	原药	94%	2025-12-06	河南三浦百草生物工程有限公司
PD20150159	甲氨基阿维菌素苯甲酸盐	杀虫剂	原药	84.4%	2025-01-14	山东省联合农药工业有限公司

（续表）

登记证号	农药名称	农药类别/杀螨剂/杀虫剂	剂型	总含量	有效期至	登记证持有人
PD20070409	阿维菌素	杀螨剂/杀虫剂	原药	94%	2022-11-05	顺毅股份有限公司
PD20097473	甲氨基阿维菌素苯甲酸盐(90%)	杀虫剂	原药	—	2024-11-03	浙江钱江生物化学股份有限公司
PD20142244	甲氨基阿维菌素苯甲酸盐	杀虫剂	原药	83.5%	2024-09-28	河北兴柏农业科技有限公司
PD20096415	甲氨基阿维菌素苯甲酸盐(90%)	杀虫剂	原药	—	2024-08-04	黑龙江省绥化农垦晨环生物制剂有限责任公司
PD20150698	甲氨基阿维菌素苯甲酸盐	杀虫剂	原药	90%	2025-04-20	江苏丰源生物工程有限公司
PD20110674	阿维菌素	杀虫剂	原药	95%	2026-06-20	齐鲁制药(内蒙古)有限公司
PD20101828	阿维菌素	杀虫剂	原药	92%	2025-07-28	宁夏大地丰之源生物药业有限公司
PD20150645	甲氨基阿维菌素苯甲酸盐	杀虫剂	原药	95%	2025-04-16	内蒙古嘉宝仕生物科技股份有限公司
PD20101641	甲氨基阿维菌素苯甲酸盐	杀虫剂	原药	83.5%	2025-06-03	湖北荆洪生物科技股份有限公司
PD20094508	甲氨基阿维菌素苯甲酸盐	杀虫剂	原药	83.5%	2024-04-09	内蒙古新威远生物化工有限公司

（续表）

登记证号	农药名称	农药类别	剂型	总含量	有效期至	登记证持有人
PD20096275	甲氨基阿维菌素苯甲酸盐	杀虫剂	原药	83.6%	2024-7-22	山东省青岛凯源祥化工有限公司
PD20097671	甲氨基阿维菌素苯甲酸盐（90%）	杀虫剂	原药	—	2024-11-04	黑龙江省佳木斯兴宇生物技术开发有限公司
PD20096060	阿维菌素	杀虫剂	原药	95%	2024-06-18	山东潍坊润丰化工股份有限公司
PD20172892	甲氨基阿维菌素苯甲酸盐	杀虫剂	原药	95%	2022-11-20	内蒙古拜克生物有限公司
PD20086359	甲氨基阿维菌素苯甲酸盐	杀虫剂	原药	90%	2023-12-31	南京红太阳股份有限公司
PD20070071	阿维菌素	杀虫剂	原药	85%	2022-03-30	瑞士先正达作物保护有限公司
PD20130463	甲氨基阿维菌素苯甲酸盐	杀虫剂	原药	83.5%	2023-03-20	齐鲁晟华制药有限公司
PD20070363	甲氨基阿维菌素苯甲酸盐	杀虫剂	原药	83.5%	2022-10-24	河北威远生物化工有限公司
PD20182528	阿维菌素	杀虫剂	原药	95%	2023-06-27	榆林成远泰佰生物科技有限公司
PD20093036	甲氨基阿维菌素苯甲酸盐	杀虫剂	原药	95%	2024-03-09	先正达南通作物保护有限公司

数据来源：中国农药信息网，截至时间 2021 年 1 月 20 日。

4. 使用范围及技术方案

（1）常规使用

阿维菌素的适用范围非常广，可广泛应用在小麦、水稻、玉米等大田作物上，也可以应用在蔬菜、果树和花卉苗木等经济作物上。阿维菌素经过多年的市场发展与考验，已被证明是目前替代高毒有机磷农药的最佳绿色生物农药，其药效也得到市场的一致认可。

蔬菜：在甘蓝、冬瓜、萝卜、茄子等蔬菜上，阿维菌素不仅可以防治线虫，还可以有效防治各种螨类（红蜘蛛和茶黄螨等）、小菜蛾、菜青虫、美洲斑潜蝇、蓟马、瓜绢螟、猿叶虫、二十八星瓢虫等。

果树：在梨、桃、橘等果树上，阿维菌素可以防治柑橘红蜘蛛、锈螨、全爪螨、葡萄红叶螨、梨二叉蚜、梨小食心虫、梨木虱、桃蚜、柑橘潜叶蛾等害虫。

水稻：在水稻上，阿维菌素对二化螟、褐稻虱等防治效果较好。

棉花：阿维菌素可以防治棉铃虫、红蜘蛛、朱砂叶螨、棉蓟马等。

林业：阿维菌素还可用于防治林业害虫松毛虫。

（2）线虫防治

阿维菌素已成为常规杀线虫剂必不可少的成分，目前阿维菌素、甲氨基阿维菌素苯甲酸盐的单剂和复配制剂，登记在防治线虫的产品数量日益增多，据中国农药信息网的最新数据，共有140个相关产品在登记，详见表3-3。

表3-3 140种防治线虫的相关产品信息

登记证号	农药名称	农药类别	剂型	总含量	有效期至	登记证持有人
PD20201071	阿维菌素·噻唑膦	杀菌剂	水乳剂	22%	2025-12-24	广西贝嘉尔生物化学制品有限公司
PD20200989	阿维·噻唑膦	杀线虫剂	悬乳剂	5%	2025-10-27	广东省佛山市盈辉作物科学有限公司
PD20200379	阿维菌素	杀菌剂	颗粒剂	0.50%	2025-05-21	柳州市惠农化工有限公司
PD20200297	阿维菌素·噻唑膦	杀线虫剂	水乳剂	10%	2025-04-15	江苏云帆化工有限公司
PD20200214	阿维·噻唑膦	杀菌剂	颗粒剂	11%	2025-04-15	山东华阳农药化工集团有限公司
PD20200170	阿维菌素	杀线虫剂	颗粒剂	0.50%	2025-03-22	湖北省天门斯普林植物保护有限公司
PD20200169	阿维·噻唑膦	杀线虫剂	乳油	10%	2025-03-22	江西海阔利斯生物科技有限公司
PD20200064	阿维·噻唑膦	杀线虫剂	微囊悬浮剂	6%	2025-01-19	南通联农佳田作物科技有限公司
PD20190141	阿维·噻唑膦	杀菌剂	水乳剂	21%	2024-09-11	汝阳自强生物科技有限公司
PD20184318	阿维菌素	杀虫剂/杀线虫剂	缓释粒	1%	2023-11-05	河南好年景生物发展有限公司

（续表）

登记证号	农药名称	农药类别	剂型	总含量	有效期至	登记证持有人
PD20184244	阿维菌素	杀菌剂	颗粒剂	2.50%	2023-09-25	青岛佰丰作物科学有限公司
PD20183908	阿维·噻唑膦	杀菌剂	颗粒剂	5%	2023-08-20	山东泰农化有限公司
PD20183746	阿维·噻唑膦	杀菌剂	水乳剂	21%	2023-08-20	南京南农农药科技发展有限公司
PD20183741	阿维菌素	杀菌剂	微囊悬浮剂	5%	2023-08-20	江苏省盐城双宁农化有限公司
PD20183397	阿维·噻唑膦	杀线虫剂	颗粒剂	15%	2023-80-20	北京富力特农业科技有限责任公司
PD20183380	阿维·噻唑膦	杀菌剂	颗粒剂	5%	2023-08-20	山东埃森化学有限公司
PD20183083	甲维·氟氯氰	杀虫剂/杀线虫剂	颗粒剂	1.50%	2023-07-23	江西中迅农化有限公司
PD20182601	阿维菌素	杀菌剂	颗粒剂	2.50%	2023-06-27	山东合生生物科技有限公司
PD20182198	甲氨基阿维菌素苯甲酸盐	杀虫剂/杀线虫剂	水乳剂	2%	2023-06-27	宁波纽康生物技术有限公司
PD20182107	阿维·噻唑膦	杀线虫剂/杀菌剂	颗粒剂	5%	2023-06-27	瑞隆化工（宿州）有限公司

（续表）

登记证号	农药名称	农药类别	剂型	总含量	有效期至	登记证持有人
PD20182006	阿维·噻唑膦	杀菌剂	颗粒剂	10%	2023-05-16	海南利蒙特生物科技有限公司
PD20181959	阿维菌素	杀菌剂	颗粒剂	1%	2023-05-16	江苏剑牌农化股份有限公司
PD20181924	阿维菌素	杀菌剂	微囊悬浮剂	5%	2023-05-16	东莞市瑞德丰生物科技有限公司
PD20181820	阿维·噻唑膦	杀菌剂	颗粒剂	10%	2023-05-16	海南博士威农用化学有限公司
PD20181814	阿维菌素	杀菌剂	颗粒剂	0.50%	2023-05-16	六夫丁作物保护有限公司
PD20181685	阿维菌素	杀菌剂	颗粒剂	1.50%	2023-05-16	山东源丰生物科技有限公司
PD20181678	阿维菌素	杀菌剂	颗粒剂	3%	2023-05-16	山东省济南赛普实业有限公司
PD20181652	阿维菌素	杀菌剂	颗粒剂	0.50%	2023-05-16	山都丽化工有限公司
PD20181651	阿维·噻唑膦	杀菌剂	颗粒剂	10.50%	2023-05-16	郑州郑氏化工产品有限公司
PD20181131	阿维·噻唑膦	杀菌剂	颗粒剂	11%	2023-03-15	河北阔达生物制品有限公司
PD20181038	阿维·噻唑膦	杀线虫剂	微乳剂	10%	2023-03-15	燕化永乐（乐亭）生物科技有限公司

（续表）

登记证号	农药名称	农药类别	剂型	总含量	有效期至	登记证持有人
PD20180864	阿维·噻唑膦	杀菌剂	颗粒剂	9%	2023-03-15	山东海利来化工科技有限公司
PD20180836	阿维菌素	杀菌剂	颗粒剂	0.50%	2023-03-15	山东美罗福农业科技股份有限公司
PD20180711	阿维菌素	杀菌剂	颗粒剂	0.50%	2023-02-08	广西桂林市宏田生化有限责任公司
PD20180709	甲维·氟氯氰	杀菌剂	颗粒剂	0.10%	2023-02-08	成都科利隆生化有限公司
PD20180619	阿维菌素	杀菌剂	颗粒剂	0.50%	2023-02-08	河南农王实业有限公司
PD20180450	阿维·噻唑膦	杀菌剂	颗粒剂	11%	2023-02-08	甘肃华实农业科技有限公司
PD20180427	阿维·噻唑膦	杀菌剂	颗粒剂	15%	2023-01-14	陕西恒田生物农业有限公司
PD20180398	阿维·噻虫嗪	杀菌剂	悬浮种衣剂	30%	2023-01-14	广东省佛山市盈辉作物科学有限公司
PD20180203	阿维菌素	杀菌剂	颗粒剂	1.50%	2023-01-14	山东华阳农药化工集团有限公司
PD20180115	甲维·噻唑膦	杀菌剂	水乳剂	9%	2023-01-14	潍坊万胜生物农药有限公司

（续表）

登记证号	农药名称	农药类别	剂型	总含量	有效期至	登记证持有人
PD20173267	阿维·噻唑膦	杀菌剂	颗粒剂	11%	2022-12-19	华北制药集团爱诺有限公司
PD20173106	阿维菌素	杀虫剂	乳油	5%	2022-12-19	浙江威尔达化工有限公司
PD20172795	阿维菌素	杀菌剂	颗粒剂	0.50%	2022-11-20	安徽华微农化股份有限公司
PD20172728	阿维·噻唑膦	杀菌剂	颗粒剂	10.50%	2022-11-20	江西正邦作物保护股份有限公司
PD20172670	甲氨基阿维菌素苯甲酸盐	杀虫剂	微乳剂	2%	2022-11-20	浙江世佳科技股份有限公司
PD20172659	阿维·噻唑膦	杀菌剂	颗粒剂	10.50%	2022-11-20	江苏莱科化学有限公司
PD20172457	阿维·噻唑膦	杀菌剂	水乳剂	21%	2022-10-17	江西众和化工有限公司
PD20172424	阿维·吡虫啉	杀菌剂	微囊悬浮剂	15%	2022-10-17	山东省青岛凯源祥化工有限公司
PD20172048	阿维菌素	杀虫剂	乳油	5%	2022-09-18	山东慧邦生物科技有限公司
PD20171972	阿维菌素	杀菌剂	颗粒剂	0.50%	2022-09-18	河南波尔森农业科技有限公司
PD20171872	阿维·噻唑膦	杀线虫剂	颗粒剂	5%	2022-09-18	广东省佛山市盈辉作物科学有限公司

（续表）

登记证号	农药名称	农药类别	剂型	总含量	有效期至	登记证持有人
PD20171835	阿维菌素	杀菌剂	颗粒剂	0.50%	2022-09-18	山东省青岛凯源祥化工有限公司
PD20171397	阿维菌素	杀菌剂	颗粒剂	0.50%	2022-07-19	郑州郑氏化工产品有限公司
PD20171321	阿维菌素	杀菌剂	微囊悬浮剂	3%	2022-07-19	陕西康禾立丰生物科技药业有限公司
PD20171281	阿维菌素	杀菌剂	颗粒剂	1%	2022-07-19	山东泰阳生物科技有限公司
PD20171219	阿维·噻唑膦	杀菌剂	颗粒剂	15%	2022-07-19	河北野田农用化学有限公司
PD20171040	阿维·吡虫啉	杀虫剂	颗粒剂	3%	2022-05-31	浙江天一生物科技有限公司
PD20170856	阿维·噻唑膦	杀菌剂	颗粒剂	5%	2022-05-09	江西威力特生物科技有限公司
PD20170658	阿维·噻唑膦	杀菌剂	颗粒剂	10%	2022-04-10	江西众和化工有限公司
PD20170513	阿维·噻唑膦	杀线虫剂	颗粒剂	10.50%	2022-04-10	青岛佰丰作物科学有限公司
PD20170259	阿维·噻唑膦	杀线虫剂	颗粒剂	6%	2022-02-13	山东圣鹏科技股份有限公司
PD20170250	阿维·异菌脲	杀菌剂	颗粒剂	2%	2022-02-13	东莞市瑞德丰生物科技有限公司

（续表）

登记证号	农药名称	农药类别	剂型	总含量	有效期至	登记证持有人
PD20170097	阿维·噻唑膦	杀菌剂	颗粒剂	10.50%	2022-01-07	河北威远生物化工有限公司
PD20170065	阿维·噻唑膦	杀菌剂	颗粒剂	10%	2022-01-07	陕西上格之路生物科学有限公司
PD20170040	阿维·噻唑膦	杀菌剂	颗粒剂	11%	2022-01-07	陕西标正作物科学有限公司
PD20161526	阿维菌素	杀菌剂	颗粒剂	1%	2021-11-14	山东海讯生物科技有限公司
PD20161156	阿维菌素	杀线虫剂	颗粒剂	0.50%	2021-09-13	山东邹平农药有限公司
PD20160962	阿维菌素	杀菌剂	颗粒剂	2.50%	2021-07-27	广东省佛山市盈辉作物科学有限公司
PD20160933	阿维菌素	杀菌剂	颗粒剂	0.50%	2021-07-27	中诚国联（河南）生物科技有限公司
PD20160916	阿维菌素	杀线虫剂	颗粒剂	0.50%	2021-07-27	山东海而三利生物化工有限公司
PD20160777	阿维·噻唑膦	杀菌剂	颗粒剂	3%	2021-06-20	海南力智生物工程有限责任公司
PD20160651	阿维菌素	杀虫剂/杀线虫剂	可溶液剂	0.50%	2021-04-27	山东省联合农药工业有限公司

（续表）

登记证号	农药名称	农药类别	剂型	总含量	有效期至	登记证持有人
PD20160566	阿维·噻唑膦	杀虫剂	颗粒剂	5%	2021-04-26	河南金田地农化有限责任公司
PD20160480	阿维菌素	杀线虫剂	微乳剂	5%	2026-03-18	上海惠光环境科技有限公司
PD20160479	阿维·噻唑膦	杀菌剂	颗粒剂	10%	2026-03-18	陕西美邦药业集团股份有限公司
PD20160279	阿维菌素	杀菌剂	颗粒剂	1%	2026-02-25	海南力智生物工程有限责任公司
PD20160140	阿维菌素	杀菌剂	颗粒剂	0.50%	2026-02-24	青岛恒丰作物科学有限公司
PD20152619	阿维·吡虫啉	杀菌剂	微囊悬浮剂	15%	2025-12-17	海利尔药业集团股份有限公司
PD20152558	阿维菌素	杀菌剂	颗粒剂	1%	2025-12-05	山东省绿土农药有限公司
PD20152351	阿维菌素	杀菌剂	颗粒剂	0.50%	2025-10-22	河北金德伦生化科技有限公司
PD20152231	阿维菌素	杀菌剂	颗粒剂	0.50%	2025-09-23	新乡市莱恩坪安园林有限公司
PD20151764	阿维·噻唑膦	杀菌剂	颗粒剂	10.50%	2025-08-28	燕化永乐（乐亭）生物科技有限公司

（续表）

登记证号	农药名称	农药类别	剂型	总含量	有效期期至	登记证持有人
PD20151719	阿维菌素	杀菌剂	颗粒剂	0.50%	2025-08-28	陕西亿田丰作物科技有限公司
PD20151241	阿维菌素	杀菌剂	颗粒剂	0.50%	2025-07-30	江门市大光明农化新会有限公司
PD20151059	阿维菌素	杀线虫剂	颗粒剂	1.50%	2025-06-14	广东省佛山市盈辉作物科学有限公司
PD20150790	阿维菌素	杀菌剂	颗粒剂	0.50%	2025-05-13	陕西美邦药业集团股份有限公司
PD20150733	阿维菌素	杀菌剂	颗粒剂	1%	2025-04-20	上海沪联生物药业（夏邑）股份有限公司
PD20150681	阿维菌素	杀菌剂	颗粒剂	0.50%	2025-04-17	山东凯利农生物科技有限公司
PD20150678	多·福·甲维盐	杀菌剂/杀虫剂	悬浮种衣剂	20.50%	2025-04-17	黑龙江省佳木斯宇生物技术开发有限公司
PD20150533	阿维·丁硫	杀菌剂	微囊剂	15%	2025-03-23	内蒙古清源保生物科技有限公司

（续表）

登记证号	农药名称	农药类别	剂型	总含量	有效期至	登记证持有人
PD20150298	阿维菌素	杀菌剂	颗粒剂	1%	2025-02-04	东莞市瑞德丰生物科技有限公司
PD20150073	丁硫·甲维盐	杀菌剂	水乳剂	25%	2025-01-05	潍坊万胜生物农药有限公司
PD20142065	阿维菌素	杀菌剂	微囊悬浮剂	3%	2024-08-28	济南绿霸农药有限公司
PD20141820	阿维菌素	杀虫剂	乳油	5%	2024-07-23	浙江世佳科技股份有限公司
PD20141603	阿维菌素	杀菌剂	微囊悬浮剂	3%	2024-06-24	山东滨海瀚生生物科技有限公司
PD20141391	阿维菌素	杀菌剂	微囊悬浮剂	5%	2024-06-05	南通联农佳田作物科技有限公司
PD20141090	阿维菌素	杀菌剂	颗粒剂	0.50%	2024-04-27	德强生物股份有限公司
PD20141069	阿维菌素	杀菌剂	颗粒剂	0.50%	2024-04-25	山东齐发药业有限公司
PD20140870	阿维菌素	杀菌剂	颗粒剂	0.50%	2024-04-08	山东省济宁市通达化工厂
PD20140866	阿维·吡虫啉	杀菌剂	微囊悬浮剂	15%	2024-04-08	山东省青岛奥迪斯生物科技有限公司
PD20140653	甲氨基阿维菌素苯甲酸盐	杀虫剂	微乳剂	3%	2024-03-14	济南中科绿色生物工程有限公司

（续表）

登记证号	农药名称	农药类别	剂型	总含量	有效期至	登记证持有人
PD20140479	阿维菌素	杀菌剂	颗粒剂	0.50%	2024-02-25	撒尔夫（河南）农化有限公司
PD20132561	阿维菌素	杀线虫剂	微囊悬浮剂	3%	2023-12-17	山东玉成生化农药有限公司
PD20132544	阿维菌素	杀菌剂	颗粒剂	0.50%	2023-12-16	海南江河农药化工厂有限公司
PD20132490	阿维菌素	杀虫剂	颗粒剂	0.50%	2023-12-10	山东澳得利化工有限公司
PD20131968	阿维菌素	杀线虫剂	颗粒剂	0.50%	2023-10-10	山东省联合农药工业有限公司
PD20131817	阿维菌素	杀菌剂	微囊悬浮剂	3%	2023-09-17	山东省青岛润生农化有限公司
PD20131724	阿维菌素	杀菌剂	颗粒剂	1%	2023-08-16	华北制药集团爱诺有限公司
PD20131625	阿维菌素	杀菌剂	颗粒剂	1%	2023-07-30	山东申达作物科技有限公司
PD20131280	阿维菌素	杀菌剂	颗粒剂	0.50%	2023-06-08	河南省周口市红旗农药有限公司
PD20131229	阿维菌素	杀线虫剂	颗粒剂	0.50%	2023-05-28	河北卓诚化工有限责任公司
PD20130912	阿维菌素	杀线虫剂	颗粒剂	0.50%	2023-04-28	山东省淄博市周村穗丰农药化工有限公司

（续表）

登记证号	农药名称	农药类别	剂型	总含量	有效期至	登记证持有人
PD20130851	阿维菌素	杀菌剂	颗粒剂	1%	2023-04-22	江苏丰山集团股份有限公司
PD20130626	甲氨基阿维菌素苯甲酸盐	杀虫剂	微乳剂	2%	2023-04-03	浙江钱江生物化学股份有限公司
PD20130613	阿维菌素	杀线虫剂	颗粒剂	1%	2023-04-03	山东松冈化学有限公司
PD20130601	阿维菌素	杀菌剂	颗粒剂	0.50%	2023-04-02	青岛星牌作物科学有限公司
PD20130528	阿维菌素	杀线虫剂	颗粒剂	0.50%	2023-03-27	山东亿嘉农化有限公司
PD20130473	阿维·多·福	杀线虫剂/杀菌剂	悬浮种衣剂	35.60%	2023-03-20	沈阳科创化学品有限公司
PD20130193	阿维菌素	杀线虫剂	颗粒剂	1%	2023-01-24	广东省佛山市盈辉作物科学有限公司
PD20121793	阿维菌素	杀线虫剂	颗粒剂	0.50%	2022-11-22	陕西上格之路生物科学有限公司
PD20121743	阿维菌素	杀菌剂	颗粒剂	0.50%	2022-11-08	汝阳自强生物科技有限公司
PD20121495	甲氨基阿维菌素苯甲酸盐	杀虫剂	乳油	2%	2022-10-09	江西中迅农化有限公司
PD20120895	阿维菌素	杀线虫剂	颗粒剂	0.50%	2022-05-24	福建新农大正生物工程有限公司

（续表）

登记证号	农药名称	农药类别	剂型	总含量	有效期至	登记证持有人
PD20120840	甲氨基阿维菌素苯甲酸盐	杀虫剂	微乳剂	2.00%	2022-05-22	山东省青岛现代农化有限公司
PD20120724	阿维菌素	杀虫剂	颗粒剂	0.50%	2022-05-02	江苏嘉隆化工有限公司
PD20120422	甲氨基阿维菌素苯甲酸盐	杀虫剂	微乳剂	3%	2022-03-14	湖南新长山农业发展股份有限公司
PD20120178	阿维菌素	杀菌剂	颗粒剂	0.50%	2022-01-30	山东兆丰年生物科技有限公司
PD20111108	阿维菌素	杀虫剂	颗粒剂	0.50%	2021-10-18	山东国润生物农药有限责任公司
PD20111009	阿维菌素	杀线虫剂	颗粒剂	0.50%	2021-09-28	海南力智生物工程有限责任公司
PD20110968	阿维菌素	杀线虫剂	颗粒剂	0.50%	2021-09-13	广东省佛山市盈辉作物科学有限公司
PD20110570	阿维菌素	杀虫剂	颗粒剂	0.50%	2021-05-27	山东省泰安市泰山现代农业科技有限公司

（续表）

登记证号	农药名称	农药类别	剂型	总含量	有效期至	登记证持有人
PD20110568	阿维菌素	杀线虫剂	颗粒剂	0.50%	2021-05-27	济南仕邦农化有限公司
PD20110230	阿维菌素	杀虫剂	微囊悬浮剂	1%	2026-02-28	黑龙江省平山林业制药厂
PD20110133	阿维菌素	杀虫剂	颗粒剂	0.50%	2026-02-09	深圳诺普信农化股份有限公司
PD20102108	阿维·丁硫	杀线虫剂	水乳剂	25%	2025-11-30	四川百事东旺生物科技有限公司
PD20100563	阿维菌素	杀虫剂	乳油	5%	2025-01-14	济南中科绿色生物工程有限公司
PD20098423	阿维菌素	杀虫剂	乳油	1.80%	2024-12-24	江西山野化工有限责任公司
PD20092017	阿维菌素	杀虫剂	乳油	3.20%	2024-02-12	浙江拜克生物科技有限公司
PD20090840	阿维菌素	杀虫剂	乳油	5%	2024-01-19	陕西上格之路生物科学有限公司

数据来源：中国农药信息网，截至时间 2021 年 1 月 20 日。

5. 创新化合物：阿维菌素 B_2

值得关注的是，河北兴柏自 2009 年取得阿维菌素原药正式登记后，通过构建系统的高通量筛选技术平台，筛选到一株大幅度提高 B_{1a}、B_{2a} 组分的菌株，并成功应用于工业化生产。2013 年 7 月 29 日 B_2 组分被全国农药标准化技术委员会正式命名，中文通用名称为 "阿维菌素 B_2"，并已在多国多地多作物上完成实验示范，对根结线虫、根腐线虫、孢囊线虫和茎线虫等侵染性线虫活性很高，毒性低，安全环保，具有很好的社会和经济价值。目前，阿维菌素 B_2 正以全新的农药成分在审批登记中。河北兴柏的创新研发技术，使阿维菌素发酵液 B_{1a} 组分含量提高了 40% 左右，B_{2a} 组分含量同时增加了 90%~94%，B_{2a} 组分绝对含量达到 B_{1a} 的 85%~90%。针对新菌株发酵液中存在的大量 B_2 组分，兴柏集团创新团队与南开大学共同成立专项课题组，进行提取方法及生物活性、毒理等大量试验，证明 B_2 对线虫有特殊防效，毒性低于 B_1，并于国内第一家研究出了工业化提取方法，并成功实现产品工业化大生产，获得 3 项国家专利，并于 2012 年荣获河北省科学技术进步三等奖，该项技术在国内尚属空白，国际上未见有相关报道，查阅到的均为实验室技术。这一技术被河北省科技厅鉴定为国内领先水平科技成果，并申报国际专利，均被受理，现处于国际审查阶段。阿维菌素 B_2 作为一种神经性毒剂，具有独特作用机制：作用于昆虫神经元突触或神经肌肉突触的 γ-氨基丁酸（GABA）系统，激发神经末梢放出神经传递抑制剂的 GABA，促使 GABA 门控的 C1- 通道延长开放，大量 C1-

涌入造成神经膜电位超极化，致使神经膜处于抑制状态，从而阻断神经冲动传导而使昆虫麻痹、拒食、死亡。

6. 上下游产业链的关联和市场机会

随着下游衍生产品如伊维菌素、埃玛菌素、道拉菌素、埃珀利诺菌素和色拉菌素等产品的大量开发，市场上对阿维菌素的需求量将会增多，特别是将会加大对阿维菌素精粉的需求量。

推动绿色食品的发展：阿维菌素是生物农药中的主要品种，对蔬菜、果树、棉花、水稻等多种作物的相关害虫具有较好防效，扩大它的应用范围可以减少化学农药对环境的污染。

推动民族工业的发展：由于利润减少、专利保护到期，美国默克公司感觉到无法与中国生产企业竞争，已经在减少产量并进口我国的阿维菌素原药产品。这使得中国生产厂家的出口份额得到迅速扩张。生产阿维菌素的企业迅速发展。

二、噻唑膦

作为有机磷类杀线剂，噻唑膦也是近年来杀线剂市场热门品种和实力担当，在 2017 年登记十大热门杀菌剂品种中排名第三位，仅次于吡唑醚菌酯、噻呋酰胺。从中国农药信息网数据来看，截至目前，国内噻唑膦原药登记共有 12 家，制剂登记 137 个，涉及剂型为乳油、水乳剂、微乳剂、颗粒剂、微囊悬浮剂，复配对象以阿维菌素为主，详见表 3-4。

表3-4　噻唑膦原药登记情况（12个）

登记证号	农药名称	农药类别	剂型	总含量	有效期至	登记证持有人
PD20180241	噻唑膦	杀线虫剂	原药	96%	2023-01-14	山东海利尔化工有限公司
PD20172264	噻唑膦	杀虫剂	原药	95%	2022-10-17	江苏好收成韦恩农化股份有限公司
PD20160443	噻唑膦	杀线虫剂	原药	93%	2026-03-16	江苏莱科化学有限公司
PD20141608	噻唑膦	杀虫剂	原药	96%	2024-06-24	湖南国发精细化工科技有限公司
PD20111202	噻唑膦	杀菌剂	原药	96%	2021-11-16	河北三农农用化工有限公司
PD20152348	噻唑膦	杀线虫剂	原药	95%	2025-10-22	河北威远生物化工有限公司
PD20132092	噻唑膦	杀线虫剂	原药	95%	2023-10-24	江苏嘉隆化工有限公司
PD20050144	噻唑膦	杀线虫剂	原药	93%	2025-09-19	日本石原产业株式会社
PD20140105	噻唑膦	杀虫剂/杀线虫剂	原药	95%	2024-01-20	山东省联合农药工业有限公司
PD20141575	噻唑膦	杀虫剂	原药	96%	2024-06-17	河北省衡水北方农药化工有限公司
PD20121535	噻唑膦	杀线虫剂	原药	98%	2022-10-17	美国默赛技术公司
PD20171963	噻唑膦	杀菌剂	原药	97%	2022-09-18	山东华阳农药化工集团有限公司

噻唑膦主要作用方式为抑制根结线虫乙酰胆碱酯酶的合成，1991 年由日本石原开发并生产以来，在欧洲、美国等多个国家和地区取得了登记。2002 年日本石原在中国首先取得了噻唑膦在黄瓜、番茄上的登记。2004 年美国 EPA 批准噻唑膦作为溴甲烷的替代物用于番茄等作物。2007 年，欧盟批准扩大了噻唑膦的使用范围，允许用于防治马铃薯金针虫和香蕉甲虫。

1. 市场需求强劲

石原金牛目前在中国主要取得了 10% 噻唑膦颗粒剂和 13% 二嗪·噻唑膦颗粒剂的登记，除了用于根结线虫防治以外，13% 二嗪·噻唑膦颗粒剂也登记用于防治蛴螬。

河北三农农用化工有限公司于 2011 年获得国内首家登记，原药含量 96%，制剂陆续登记了 75% 乳油（国内独家）、5% 颗粒剂、10% 颗粒剂、5% 微乳剂、20% 颗粒剂、40% 水乳剂、30% 微囊悬浮剂等 7 个制剂，分为高、中、低三档搭配供市场需求。

从产能情况来看，生产厂家主要分布在山东、天津、河南、河北，由于噻唑膦传统生产工艺味道奇臭，部分厂家考虑环保因素实际并不生产，河北三农农用化工有限公司工艺独家改进，味道大大降低，含量高达 98% 以上，防治线虫效果增加，微乳、水剂尤为突出。目前，市场上原药年总产能不超过 1 000t，以河北三农农用化工有限公司 300t 年产能最高。按照 10% 颗粒剂市场价格折算，噻唑膦国内市场销售额在 4 亿～5 亿元。

新增产能方面，预计 2020 年下半年随着河北圆融生物科技有限公司 1 000t 噻唑膦原药、500t 噻唑膦核心中间体投产，产能逐步释放以后，将助推线虫防治市场飞速发展。

2. 纳米级噻唑膦即将上市，防效提升，成本减半

据了解，目前我国大部分作物均不同程度发生了线虫危害，主要防治的作物是设施农业及香蕉，其他作物也有线虫发生，如花生、马铃薯、甘薯、水稻、柑橘等，但用噻唑膦防治面积很小！根据估算，国内土壤线虫防治市场容量未来将达到 30 亿元左右，这也恰恰是噻唑膦市场潜力巨大的原因。

河北三农农用化工有限公司董事长刘书延表示，随着登记厂家的不断增加，噻唑膦市场需求强劲，但有待厂家技术服务跟进，应用技术服务更关键。面对激烈的市场竞争，公司经过 3 年研发，推出的纳米级农药产品，其中就包括了 5% 噻唑膦微乳剂、40% 水乳剂两款纳米级产品，无化学乳化剂及化学助剂。在保证环保和成本不增加的同时，防治效果增加一倍。

纳米级微乳剂的优点：① 不含有机溶剂，去除了苯或二甲苯等有机溶剂的污染，是一种环保的绿色农药；② 可减缓农药降解速度，提高药物的生物利用度，提高药效；③ 药物缓释，延长药效；④ 具有叶片吸附能力，防止淋溶和光降解；⑤ 纳米级微乳级溶于水以后仍旧是无色的；⑥ 纳米级表面张力比水小得多，这样就能更好地使药液润湿；⑦ 纳米级农药绿色、环保，必将是未来农药发展趋势。

以纳米级 3% 阿维菌素为例，不仅药效高一倍以上，对蓟

马有很好的治疗效果！纳米级 5% 噻唑磷不仅对土壤线虫治疗效果增一倍以上，对水稻二化螟、玉米螟都有很好的效果！

2020 年，河北三农农用化工有限公司专利微生物产品酒红土鹤链霉菌同步投放粉剂和水剂两款产品，形成在土壤定植时使用链霉菌防治线虫，后期通过冲施、滴灌采用纳米级 5% 微乳剂或 40% 水乳剂全程绿色防控土壤线虫的综合解决方案。

三、威百亩

威百亩是具有熏蒸作用的二硫代氨基甲酸酯类杀虫剂，作为一种低毒高效的土壤熏蒸剂已经有 50 余年的使用历史，其在土壤中降解成异硫氰酸甲酯发挥熏蒸作用，通过抑制生物细胞分裂和 DNA、RNA 和蛋白质的合成以及造成生物呼吸受阻，能有效杀灭土壤中的根结线虫、有害杂菌、杂草种子，从而获得洁净及健康的土壤。

2019 年《中华人民共和国土壤污染防治法》正式颁布，土壤健康正式上升到国家战略高度。未来以土壤健康为核心的社会化服务组织将快速增加，中国土壤消毒市场将迎来快速增长期。中国市场中威百亩将是土壤熏蒸剂吨位增长最快的品种。

1. 生产工艺介绍和技术指标分析

（1）生产工艺

威百亩生产以二硫化碳、甲胺、氢氧化钠为原料，经过断链、加成反应、成盐反应，同时辅以加热和降温，最终反应生成 42% 威百亩水剂。

（2）分析指标

技术指标：含量、pH 值、不溶物、稀释稳定性、重金属（汞、砷、铁、镉等）。

2. 主要生产厂家和产能介绍

主要生产厂家有利民化工股份有限公司、沈阳丰收、中农联合。

利民化工股份有限公司目前产能为 20 000t/ 年，产品主要销往欧盟、韩国、日本等地。

3. 使用范围及技术方案

（1）使用范围

主要用于控制烟草、黄瓜、草莓、番茄、茄子、辣椒、东方百合、姜、马铃薯、山药、观赏花卉及中药材等高附加值农作物连作障碍而进行的土壤消毒处理。

（2）技术方案

不同作物的推荐施药量详见表 3–5。

表 3–5　使用范围与技术方案

作物	推荐施药量 （有效成分用药量 g/m² ）
烟草（苗床）、马铃薯、山药、观赏花卉	31.5~47.2
黄瓜、草莓、番茄、茄子	25.2~37.9
东方百合、姜、中药材	47.2~63.0

注：根据作物连作时间的长短和土传病害、地下害虫杂草等发生的轻重程度选择施药剂量。连作时间短、轻度发病的地块推荐采用低剂量；连作时间长、重度发病的地块推荐采用高剂量。

四、坚强芽孢杆菌

坚强芽孢杆菌是一种新型的微生物源生物农药，用其灌根后，活芽孢利用作物根部的营养和水分在根部土壤中繁殖，迅速占领整个作物根际周围土壤，达到有效抑制和杀灭根结线虫的作用。

据美国市场调查与咨询公司的报告预测，全球每年由线虫危害导致的作物减产可达14%，造成经济损失800亿~1 000亿美元。2016—2022年，全球杀线虫剂市场的复合年增长率预计将为3.30%，到2022年市场价值将达到14.3亿美元。

随着中国农业农村部深入贯彻减药增效政策的不断深入，生物农药将大有作为。坚强芽孢杆菌作为一种新型的微生物源生物农药，灌根后，其活芽孢利用作物根部的营养、水分和有机质等，在根部土壤中可以实现18d繁殖一代，迅速占领整个作物根际周围土壤，达到有效抑制和杀灭根结线虫卵和幼虫的效果，目前已在番茄、黄瓜、大姜、甜瓜和烟草等多种作物上应用推广，对根结线虫与白色孢囊线虫的卵寄生率高达70%~80%，还可以有效寄生金色线虫、异皮线虫，甚至人畜肠道蛔虫等多种有害生物，是防治根结线虫最有前途的生防制剂。最值得关注的是，坚强芽孢杆菌可与多种有机肥、腐殖酸和水溶肥等肥料一起冲施、沟施或基施均可，使用起来非常方便。

1. 生产工艺流程和技术指标分析

（1）生产工艺流程（图3-2）

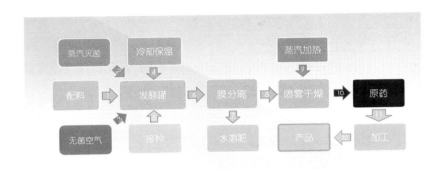

图 3-2　发酵工艺流程

（2）技术指标分析

拥有国内一流的液体微生物发酵系统，拥有从菌种保藏、菌种活化和菌种扩繁等完整的微生物发酵生产加工技术，有大、中、小液体发酵罐，膜分离浓缩、喷雾干燥机等先进微生物发酵生产设备，分析检测手段完善。

2. 主要生产厂家和产能介绍

（1）生产厂家

美国 AgreGreen 公司、江西顺泉生物科技有限公司。

（2）产能

江西顺泉年产 6 000t 坚强芽孢杆菌原药，制剂产能在 2 000t 左右。

3. 使用范围及技术方案

不同作物的推荐施药量详见表 3-6。

表 3-6 使用范围与技术方案

作物类型	推荐使用作物	使用方法
移栽作物	烟草、香瓜、西瓜、甜瓜、哈密瓜、黄瓜、番茄、辣椒、山药、三七等	在作物移栽后，用本品 200g 加水 25kg 浇定根水。或在移栽定植前，每亩用本品 400~600g 与复合肥料、腐熟的农家肥或细土等干物质搅拌均匀后穴施或条施在作物根部附近，施药深度为 10~15cm，再覆土，浇透水 1 次。生长中期，病害较严重的田块，每亩 400~600g 加水稀释 1 500~2 000 倍液灌根
播种作物	大豆、花生、大蒜、大姜、芹菜、山药、番茄、辣椒、三七等	在播种前与复合肥料、腐熟的农家肥或细土等干物质搅拌均匀后撒施或穴施，混土深 15cm 左右。生长中期，病害较严重的田块，每亩用 400~600g 加水稀释 1 500~2 000 倍液灌根
成株期作物	香蕉、猕猴桃、木瓜、人参、太子参、番石榴、甘蔗、桑、茶、桃、李、杏等各种果树、花木	稀释 1 500~2 000 倍液灌根，400~500kg 水灌 10~15 棵作物

第四章

"土壤线虫防治与调研中国行"暨
线虫防治优秀技术和方案

一、寿光综合防治蔬菜根结线虫病

《农资导报》策划的"土壤线虫防治调研中国行"近期走进山东寿光地区,对当地种植的各类作物土壤线虫发生现状和防治方法进行了系统调研和梳理。

据了解,寿光建设种植日光温室蔬菜已有30年的历史,不仅实现了多种蔬菜的周年供应,也带来了很好的经济效益和社会效益,但棚室的相对固定、连年重茬种植,以及不合理的施肥用药等因素,为土壤中根结线虫的繁殖生长提供了有利条件,加之菜农对线虫病残体的处理不彻底、根结线虫繁殖能力强等因素,致使遭受线虫危害的棚室数量也是有增无减。发病较轻的地块一般能造成减产10%~30%,严重的减产50%~70%以上,甚至绝收。

随着种植时间的增长,根结线虫病已经成为棚室蔬菜的主要病害,棚室种植的蔬菜基本都能被危害,被菜农形象地称为蔬菜的"癌症"，也就是说，棚室蔬菜一旦得了根结线虫病，不仅损失大且彻底治愈的难度更大。

根结线虫不仅繁殖能力强且寄主范围广，这是其危害严重的主要原因，除大蒜、大葱、韭菜等蔬菜基本不危害外，其他蔬菜如瓜类、茄果类、豆类、大部分叶菜类等均能被危害，只是危害的程度有差距，如对辣椒的危害相对于瓜类蔬菜要轻，现在瓜类作物上的危害是最严重的，损失最大。各类作物线虫危害症状见图4-1。

图4-1　各类作物线虫危害症状

1. 综合防治

根结线虫病是典型的土传病害，近距离传播主要靠土壤和流水，远距离传播主要是靠人为，所以该病重在预防，要采取综合防治措施才能达到预期效果。

寿光菜农种植棚室蔬菜时间长、经验多，所以在根结线虫病的防治工作上主要还是采取综合防治的措施，首先选用农业防治、物理防治、生物防治等，严重的地块结合使用化学防治，使得根结线虫病在可控范围之内，最大限度地降低了根结线虫病对蔬菜造成的危害。

（1）农业防治

轮作换茬、清除病残、抗性品种、抗性砧木、无病种苗、改良土壤、无土栽培、加强水肥管理等，无病棚室要做好防护工作，杜绝传入。

（2）物理防治

太阳能焖棚、火焰消毒机消毒等。

（3）生物防治

生物菌 + 太阳能焖棚、生物制剂的使用。

（4）化学防治

化学药剂焖棚、定植前后和生长期使用化学药剂。

注意防止根结线虫的二次侵染。

2. 焖棚消毒

寿光菜农在夏季休棚期间，使用太阳能 + 生物菌或化学药剂消毒相结合的方法进行焖棚防治根结线虫，焖棚结束后在定植前根据棚室情况，增施适合的生物有机肥和生物菌剂，起到抑制根结线虫和其他土传病害的作用，达到改良土壤、从源头控制病虫害发生的目的。

具体选用哪种方法进行焖棚，主要是菜农根据自己棚室的具体情况而定，棚室内既没有根结线虫病也没有死棵现象的发生，此时菜农一般单纯使用物理法焖棚，即密闭棚室薄膜，利用太阳能进行高温焖棚，每年有 10%~20% 的菜农使用此方法；30%~40% 的菜农使用微生物法进行焖棚，这也是近两年兴起的菜农逐渐认可的新型焖棚方法；40%~50% 的菜农使用化学法焖棚，不管使用微生物法还是使用化学法进行焖棚，都会结合物理法一起进行，实践证明只要选择正规产品、操作规程正确，不管使用哪种方法，都会达到较好的消毒效果，一般当茬蔬菜或当年蔬菜基本不发生或较少发生危害。

（1）物理消毒法：太阳能消毒法

利用夏季棚室内较高的温度对土壤进行消毒，蔬菜收获后清洁田园，将粪肥按每亩使用 $10m^3$ 左右，均匀撒施到土壤表面，进行 2~3 次的耕翻并整平（地面覆盖薄膜效果更好），密闭温室棚膜进行高温焖棚，晴好天气焖棚 15~20d 后，棚室内气温可达到 70~80℃，土壤 5~10cm 处的地温可升至 50℃ 左右，能杀灭土壤中的大部分病菌和虫卵，具有绿色、环保、节能的特点。

该方法对于土壤深层的病原微生物及害虫的杀灭效果较差，新建温室及土传病害不严重的温室可使用，如果棚室内病原基数较大，建议再结合使用其他方法。

（2）物理消毒法：火焰高温消毒法

利用火焰消毒机在旋耕的过程中燃烧液化气，把 30cm 以内土壤加热，达到让线虫和其他病原生物死亡的温度，彻底杀死线虫与其他病原微生物（如时间允许可再结合太阳能消毒法进行焖棚）。

为使消毒效果更好更持久，建议配合微生物防控措施进行使用。该方法不仅绿色环保安全，还省工省时，当天进行土壤消毒，第二天就可以定植蔬菜，且不受季节和茬口的限制，在生产上尤其受欢迎。

（3）生物菌消毒法

生物菌消毒法就是利用生物菌和太阳能相结合进行土壤消毒的一种方法。

生物菌＋有机物料（有机肥或粪肥、秸秆、麸皮等）进行焖棚：在前茬作物清理干净或进行秸秆还田后，使用复合生物菌＋有机物料处理土壤，每亩可以选用复合生物菌（根据产品要求用量使用）＋有机肥 1t 或粪肥 $10m^3$ 等有机物料，均匀撒施到土壤表面后耕翻整平，每间棚南北向起一垄，东西向覆盖白色透明薄膜（两块薄膜的交接处可以通过喷水的办法使薄膜固定），要灌水至土壤湿度达到饱和，密闭棚膜进行焖棚，20~30d（期间晴好天气要达到 15d 左右）后揭开薄膜，晾晒土壤 5~7d 后整地定植幼苗，定植前后再补充生物菌。

提倡进行秸秆还田，不仅能改善土壤环境，为菜农省工、省力、省钱，还解决了秸秆燃烧污染的问题，有利于蔬菜产业的可持续发展，实现了经济与生态的双赢。

（4）化学消毒法

化学消毒法就是使用化学药剂进行土壤消毒的方法，如选用灭生性药剂消毒。寿光地区菜农使用灭生性药剂时，多选用威百亩、氰氨化钙等对土壤进行熏蒸消毒，使用后具有消毒、灭虫、防病等效果，详见图 4-2。但不同药剂其使用方法不同，一定要根据药剂使用说明进行科学合理的使用，以达到高效、安全、环保的目的。

（5）普通药剂消毒法

如果棚室休棚时间较短，上茬根结线虫病又较严重，可使

图 4-2　威百亩熏蒸焖棚

用噻唑膦等全面撒施或沟施穴施。这种土壤消毒方法不受时间限制，可随时进行，但如果棚室内病虫害基数较大则效果不佳，且如果噻唑膦用量大时还会发生药害，所以菜农一般根据自己棚室内的实际情况，在冬春季节蔬菜换茬时选择使用该方法。

土壤消毒前后需要注意以下事项：土壤进行消毒处理前，要整好地、调整土壤温度和湿度，并注意使用完好的薄膜覆盖土壤，以利于保证达到理想的效果；土壤进行消毒处理后，关键还要注意预防根结线虫的二次传入，所以要求进棚的幼苗应是无病壮苗，且保证农事操作人员也要无菌进出棚室，同时一定要增施有益微生物菌剂，让有益菌在土壤中大量繁殖，以抑制根结线虫的繁殖和危害，选择坚强芽孢杆菌、淡紫拟青霉菌、蜡质芽孢杆菌等抑制根结线虫。

3. 组合用药技术很关键

寿光主要种植作物遭受线虫危害的有番茄、甜瓜、黄瓜、丝瓜、苦瓜、胡萝卜和豆类等，尤其瓜类较为严重，所以在预防根结线虫危害时经常用到高效低残留的农药，生产中使用较多的产品有河北兴柏的兴柏克线、拜耳作物的路富达、河北三农的噻唑膦等产品（不包含土壤熏蒸处理的用药）。

土壤熏蒸处理主要使用江苏利民、沈阳丰收和中农联合的威百亩及生物菌焖棚，威百亩焖棚每亩的剂量大多是40kg左右来冲施，覆膜焖棚，生物制剂焖棚按照菌种的不同所用剂量也不同。

（1）番茄

线虫危害较轻，防治比较简单，穴施10%噻唑膦颗粒，每亩用1 000~1 500g。定植2个月后冲施兴柏克线1~2kg，还可选用兴柏双龙刀（兴柏克线与噻唑膦的套装）1~2套/亩或者路富达100mL/亩，种植整个季节用药一次即可。

（2）甜瓜、黄瓜、丝瓜、苦瓜

线虫对瓜类的危害是非常严重的，结瓜周期长，线虫危害比较大，每亩地穴施10%噻唑膦颗粒或者阿维菌素·噻唑膦颗粒2 000~2 500g旋耕到地里，防治药品从苗期开始，在定植半个月后，第二次冲水时，每亩地滴灌兴柏克线2~3kg、路富达 1~2 瓶、兴柏双龙刀 3 套、中迅 20％噻唑膦水乳剂 2~3 瓶，第二次用药按照种植周期每 50~70d 用药 1 次，即可防治土壤线虫。

（3）胡萝卜

近几年刚刚发现线虫危害较轻，所以防治比较简单，每亩地穴施 10％噻唑膦颗粒 1 000~1 500g 或者阿维菌素颗粒剂 3 000~5 000g，每亩冲施兴柏双龙刀 1 套或者 500mL 噻唑膦 1 瓶即可，整个生长周期用药量较少。

（4）豆类

近几年豆类线虫发生较为广泛，并且豆类对农药的敏感度较高，噻唑膦较为不安全，穴施基本不需要用药，后期用药每亩选用兴柏克线 1~2kg 或者路富达 1 瓶即可防治。

根据这几年的防治情况来看，最为有效的是噻唑膦（按照规格含量来区分）、兴柏克线、路富达。实际应用来看，噻唑膦与兴柏克线的搭配效果是较为理想的，噻唑膦持续周期较长，兴柏克线速效性比较好，安全性非常高，所以噻唑膦减量搭配兴柏克线会取得比较好的效果，路富达效果也较为理想，但是最大的问题是路富达药液在土壤中是不移动的，所以在线虫危害严重的作物上，防治效果不是太理想。

二、潍坊大姜土壤线虫综合防治

近些年来，农户为了实现农作物的连年产出和受益，而大量无节制的使用化肥，还有为了降低生产成本而滥用没有发酵腐熟的畜禽粪便等原因，导致了土壤酸化、板结，土壤微生物环境破坏，给线虫的暴发创造了很好的条件。所以当前不论是露天种植还是设施农业，线虫危害都较为严重，成为很多农户最头疼的问题。

大姜属于地下块茎类作物，常年单一种植导致土壤线虫危害较为严重，尤其是老姜区，很多田块都已改种其他作物，土壤线虫会导致大姜的姜块癞皮和根系腐烂，严重影响大姜的商品价值，详见图4-3、图4-4。山东省是全国乃至全球大姜的主产区，大姜种植面积维持在150万亩左右。如何防治大姜上的线虫，是姜农朋友们比较关心的问题。下文是摸索累计十余年的实战经验，就防治土壤线虫危害技术方案进行系统整理。

图4-3　姜癞皮病癞皮症状　　　　图4-4　姜癞皮病腐烂症状

1. 土壤熏蒸

目前国内土壤熏蒸的产品主要是氯化苦、威百亩、棉隆和辣根素（异硫氰酸烯丙酯）。单纯使用氯化苦对于土壤线虫的防治效果并不理想，须加配 1,3-二氯丙烯。因为 1,3-二氯丙烯会对土壤造成严重破坏和环境问题，已被禁用。而氯化苦属于高毒产品，国家将于 2022 年全面禁用。那么土壤熏蒸消灭线虫用什么最合理呢？实际田间试验验证，辣根素（20%异硫氰酸烯丙酯）是近几年刚推出的土壤熏蒸产品，登记在番茄根结线虫，分子结构式类似于 1,3-二氯丙烯，每亩使用 2~3L 就能对土壤线虫起到很好的防治效果。建议和威百亩一起使用，对杂草和病害的防治效果更理想。胜邦现代农业技术中心经过多年的实验测试并进行了科技攻关，将威百亩和辣根素进行了科学配比，添加进口助剂，能将二者很好地相溶。用专业的器械划入土壤 20cm 左右，然后盖膜熏蒸 15d 左右，就能够很好地杀灭土壤中的各种病菌和线虫，为大姜的优质高产创造良好的土壤环境。

2. 化学防治

现如今防治线虫的化学制剂主要有阿维菌素、噻唑膦和氟吡菌酰胺。阿维菌素和噻唑膦已在大姜上应用十多年，很多地区的线虫已产生不同程度的抗药性，而氟吡菌酰胺的使用性价比一直不理想，所以科学合理地使用阿维菌素和噻唑膦成为化学防治大姜线虫的不二选择。

根据大姜种植的时间，一般在每年的清明节前后，地温在 10℃以下，线虫的卵还没有孵化或者线虫还处在休眠状态，药剂很难将其杀灭，所以就没必要施用噻唑膦，但可以少用点阿维菌素颗粒剂来防治地下害虫。

防治大姜线虫第一个关键时期是在 5 月中旬（大棚种植的

大姜要在 5 月上旬）。此时地温回升到 10~15℃，冲施一遍阿维菌素，此时期大姜的根系还比较脆弱，如果使用了噻唑膦容易伤害大姜的根系，所以此时期也不建议使用噻唑膦。

6 月上旬可以用噻唑膦 + 阿维菌素冲施 1 次；7 月上旬第一次小培放土，建议使用阿维菌素 + 噻唑膦颗粒剂 1 次；7 月中下旬，大培土前，建议再冲施一遍阿维菌素 + 噻唑膦；8 月上旬大培的时候建议使用阿维菌素 + 噻唑膦颗粒剂 1 次；培土后 1 个月后建议再冲施一遍阿维菌素 + 噻唑膦。要注意以上用药时间节点，这样才做到科学合理地使用阿维菌素和噻唑膦。

3. 生物防治

国家一直在大力倡导使用生物菌剂，来防治农作物上的病虫害，以保护土壤和环境健康安全。在土壤线虫防治上，现阶段推广比较多的微生物是淡紫拟青霉和厚孢轮枝杆菌，2018 年坚强芽孢杆菌这一杀线虫的生物菌剂又新增登记，但是从近几年来的实践效果来看，生物菌剂的防治线虫效果都不理想，因为影响防治线虫效果的因素太多，包括土壤中有机质的高低、土壤的 pH 值、土壤 EC 值等。要想实现生物菌剂获得较好的防治效果，必须要改良土壤，提高土壤中有机质的含量，并配合科学配方施肥，调节土壤的 pH 值。胜邦现代农业技术中心尝试在田间地头安装生物扩繁设备，让活菌进入土壤，提高有益微生物的活性，不久的将来，将在生物防治线虫方面寻求更大突破。

三、海南火龙果土壤线虫的防治市场增速快

1. 现状介绍

据了解，海南是中国火龙果较适宜的种植地区之一，由于冬季具有产区优势，经济效益高，关注度亦越来越高，自2014年起，每年以新增1万亩以上的速度扩大种植，2019年种植面积将达到10万亩，其中收获面积约6万亩，年产鲜果约15万t，产值约15亿元，火龙果成为海南水果产业的新亮点，火龙果相关的上下游产业的市场容量也在迅速增长。

基于果皮和果肉的颜色，火龙果主要分为三类，有红皮红肉、黄皮白肉、红皮白肉，目前在海南90%以上以红皮红肉为主，黄皮白肉有少量种植。火龙果可耐8℃低温和40℃高温，生长的最适温度为25~35℃。火龙果可适应多种土壤，但以含腐殖质多、保水保肥的中性土壤和弱酸性土壤为好。火龙果栽后12~14个月开始开花结果，每年可开花12~15次，贯穿全年均为产果期，谢花后30~40d果实成熟，单果重500~1 000g，栽植后第二年每柱产果20个以上，第三年进入盛果期，每亩的单产在2 500kg左右。

以李华东为核心的中化MAP海南火龙果技术团队表示，目前危害作物根系的线虫种类有根结线虫、根腐线虫等，线虫危害后的根系会形成根结并容易感染其他病害，根系容易腐烂，地上部表现出脱水、枝条黄化、瘦弱，花朵败育，果小、品质变差，详见图4-5、图4-6。

中化MAP海南技术团队成员测定三亚及周边地区的几块

图 4-5　火龙果根部受线虫危害严重后造成根腐

图 4-6　土壤线虫侵染后火龙果枝条表现（左上）和根瘤（右上），
以及正常生长和开花的饱满火龙果枝条（下）

地后发现，每100g根系周围土壤中观测到30~50头土壤线虫，然而目前尚未检索到关于线虫对火龙果危害研究的报道（中国知网），包括线虫种类鉴定、生活习性、危害特点的报道。在海南西南部，火龙果出现根腐的问题很突出，是否与线虫存在关联，亟须权威部门和科研院所认证，目前已有很多科研机构和企事业单位在海南火龙果区开展相关研究。

2. 土壤线虫防治技术方案

针对海南火龙果产区的土壤线虫防治技术及产品组合技术套餐的应用情况，以李华东为核心的中化MAP海南火龙果技术团队给出以下建议。

火龙果种植前：每亩使用10%噻唑膦颗粒剂1~2kg，种植穴进行处理；或整地前每亩使用30%噻唑膦微囊悬浮剂250mL兑水4 000~5 000倍液喷雾处理。

火龙果种植后（灌根）：1.8%莺燕（河北兴柏）B$_2$型阿维菌素800~1 000倍液，滴灌，500~1 000mL/亩；30%噻唑膦微囊悬浮剂3 000~5 000倍液，滴灌，250mL/亩；41.7%氟吡菌酰胺悬浮剂20 000倍液，50~100mL/亩。

上述化学药剂建议每季度预防一次，且要交替使用，避免迅速产生抗药性，并且采用复合微生物菌剂定期综合防治。

3. 市场前景

针对火龙果种植过程中，防治土壤线虫危害最棘手的难题有哪些？李华东认为，土壤线虫的种类有很多，可分为有害线虫和有益线虫，或者说有些线虫并不会对作物进行危害，线虫肉眼看不见，只能借助显微镜观察，线虫的鉴定要有专业的指导，而基层农户和经销商没有相关设备和相关知识储备。同时，土壤线虫的防治难点则是线虫的繁殖速度快、虫卵存活强、农业防治效果不明显、农户对线虫的防治意识有限、线虫防治缺乏专业的鉴定及指导。对于海南火龙果的土壤线虫防治市场的容量，李华东算了一笔账，如果全省有 2 万亩的火龙果园需要施用杀线剂，以阿维菌素为例，每年每亩火龙果园需要4L 计算，市场容量在 80t 以上。

四、广西多地扩种火龙果，曝出线虫防治大商机

1. 现状介绍

　　广西是全国较适宜种植火龙果的区域之一，全国种植面积超过 60 万亩。近年来广西火龙果产业高速发展，从 2006 年广西火龙果种植面积仅为 1.7 万亩，截至 2017 年年底已达到22.9 万亩，总产量 23.2 万 t，年产值 12.9 亿元。广西火龙果种植面积、产量约占全国的 40%，已成为全国最大的火龙果产区，适宜种植区域还在扩种火龙果。南宁是广西火龙果产业的主要产区，目前火龙果种植面积达到 12 万亩，年产量 20 万 t，占全国火龙果总产量的 1/5，是广西最大的火龙果产区。

　　火龙果目前是国内产值相对较高的水果，同样管理技术水平也要求很高，无论在哪一个环节管理不好都会造成严重损失。根系是树体吸收养分、水分的主要器官，所以根系管理好

坏对于火龙果的整体产量是极其重要的。艾尚田国际农业科技有限公司（下简称艾尚田）技术团队表示，近几年在火龙果上有一种根部病害对广大种植户造成了严重困扰，那就是土壤线虫病！火龙果线虫病是由根结线虫和根腐线虫等多种线虫混发引起的火龙果根部病害，会形成很多瘤状物，初始瘤状物表面白色略晶莹，后变褐色或黑色，隐性多表现为根系黑褐色，侧生根少，地上部表现黄化。通常种植户会将线虫病与茎腐病搞混是由于根结线虫危害具有很强的隐蔽性，同时线虫危害根部还会造成伤口引起其他病害混合发生。火龙果无论是幼苗期还是开花结果期都容易受线虫危害，苗期发芽少、根系生长差，严重时造成死苗，其他时期可能引起枝条干瘪变形，果实养分供应不足造成畸形果、小果，严重影响火龙果产量及品质。

2. 土壤线虫防治方法

火龙果土壤线虫病发生的根本原因，是土壤有机质减少、有益微生物减少、土壤酸性化。因此防治火龙果线虫需要科学的营养方案与防治方案相结合、化学防治和生物防治相结合，才能治标又治本。营养方面多使用腐植酸、海藻、甲壳素等生物刺激素类肥料从土壤大环境方面入手。防治方案中化学防治主要以阿维菌素和噻唑膦为主；生物防治主要以淡紫紫孢菌和坚强芽孢杆菌等产品为主。火龙果线虫发生一般与根系生长相对应，虫随根走，春季地温升高，新根生发线虫逐渐变多，前期预防是关键，可以用阿维菌素、噻唑膦、微生物菌剂进行防治。进入 3 月之后考虑到后期果实农药残留超标问题，建议多使用微生物菌剂来防治，微生物菌剂建议多使用复合菌剂，不要使用单一菌种的产品，复合菌剂无论从效果还是从功能性方面都要比单一菌剂好。化学药剂主要体现在防治效果快，但抗药性产生快，使用噻唑膦时要注意用法用量，否则容易造成伤根减产。生物制剂主要体现在持效期和对土壤环境、根系方面的改变，几乎无抗性变化。

以下是艾尚田技术团队利用坚强芽孢杆菌＋淡紫紫孢菌＋植物营养方案管理后，在广西火龙果产区做出的实际防线养根效果，获得了很好的提质增产增收效果（图 4-7）。

图 4-7　技术团队展开药剂防治

金泽 1 000 亩火龙果基地，2018 年 4 月 23 日第一次使用警戒线，一套 2 亩地滴灌（图 4-8）。

图 4-8　采用滴灌方式

2018 年 5 月 24 日第一次调查回访，无线虫危害，根系长势良好（图 4-9）。

2018 年 6 月 28 日第二次调查回访，根系白净，长势旺盛，无线虫危害。

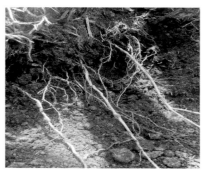

图4-9 调查回访田间效果

线虫检测过程，采用贝尔曼漏斗法在光学显微镜下进行观察（图4-10）。

图4-10 线虫检测

11月工作人员到基地现场查看火龙果采收期长势及产量，共调查26 301.5kg果品，0.5kg以上所占比例为87.34%，平均果重643.3g，详见表4-1。

表 4-1　各等级果比例

果品等级	占比（%）
超大果（≤0.75kg）	33.66
特一果（0.6~<0.75kg）	35.71
特二果（0.5~<0.6kg）	17.97
大果（0.4~<0.5kg）	9.35
中果（0.3~<0.4kg）	2.83
小果（0.2~<0.3kg）	0.43
毛果（<0.2kg）	0.05

3. 市场的机遇和挑战

对于火龙果区土壤线虫防治方面的难题，艾尚田技术团队总结如下。

第一，当前火龙果区的化学防治仍以化学常规药剂为主，连续使用导致产生抗药性。

第二，生物防治的市场产品参差不齐、好坏难辨。

第三，种植者对生物防治知识了解不多，不理解为什么微生物可以防治线虫。

第四，火龙果线虫发生具有隐蔽性，导致种植者对线虫发生的认知和危害表现难以分辨。

第五，应该预防为主，治疗为辅。大多数种植者还是以发生了才开始防治的治疗标准来衡量。没有认识到当植株表现症状时，实际上已经造成了具大损失。

　　第六，种植者对于线虫的发生和防治规律不了解。种植者一般认为什么时期都可以防治线虫，不考虑线虫产生与危害的规律。这样就会造成在防治过程中的成本浪费、效果不理想等问题。

附图　土壤线虫调研团队基层调研一览

土壤线虫调研团队走进广西中农立华

土壤线虫调研团队走进海南中化 MAP

土壤线虫调研团队走进海南火龙果种植基地

土壤线虫调研团队走进海南甜瓜种植基地

土壤线虫调研团队走进广西火龙果种植基地

土壤线虫调研团队走进广西火龙果加工基地

土壤线虫调研团队走进广西金穗集团火龙果产业园

土壤线虫调研团队走进广西金福农业集团火龙果基地

土壤线虫调研团队走进广西香蕉基地

土壤线虫调研团队走进山东寿光设施蔬菜种植基地

土壤线虫调研团队走进山东寿光农资零售店

土壤线虫调研团队走进山东寿光蔬菜种植大户

土壤线虫调研团队走进山东昌乐甜瓜大棚

土壤线虫调研团队走进山东昌乐种植大棚

土壤线虫调研团
队走进山东昌乐
农资零售店

土壤线虫调研团
队走进山东昌邑
大姜种植区

土壤线虫调研团
队走进山东莱芜
大姜种植区

土壤线虫调研团
队走进河北保定
农信植保

土壤线虫调研团
队走进河北保定
天禾品牌农资

西瓜根结线虫在
根部危害症状
（廖金铃等）

香蕉根结线虫危害症状

番茄南方根结线虫（左）、番茄象耳豆根结线虫（右）危害症状

生姜根结线虫病（左）、水稻根结线虫（右，水稻直播和抛秧）危害症状

大豆孢囊线虫危害症状

小麦孢囊线虫危害症状

甘薯茎线虫危害症状

马铃薯腐烂茎线虫危害症状